污染物迁移输运

模型参数的识别及应用研究

邢利英 著

化学工业出版社

·北京·

本书以地下水和河流中污染物的迁移输运模型为研究对象，以识别污染物迁移输运过程的模型参数为主要研究内容，首先采用有限差分方法对一维的和二维的、整数阶的和分数阶的污染物迁移输运模型进行离散，随后分别设计了 Landweber 迭代、PRP 共轭梯度和变步长梯度正则化三种确定性算法，系统地研究了一维的和二维的、整数阶的和分数阶的污染物迁移输运的初值重构、源项识别以及参数识别问题。

本书设计的三种确定性算法有效地识别了地下水和河流污染物迁移输运的初值、源项及参数问题，既为识别和控制地下水污染和河流污染提供了有力的数据支持，实现污染物迁移输运过程的识别和控制，又丰富了环境水力学反问题的求解方法，具有重要的研究价值和应用前景。

本书可供环境科学、环境工程、市政工程相关专业的研究人员、高等院校相关专业的师生阅读参考。

图书在版编目（CIP）数据

污染物迁移输运模型参数的识别及应用研究/邢利英著. —北京：化学工业出版社，2020.1（2023.1 重印）
ISBN 978-7-122-35882-0

Ⅰ. ①污… Ⅱ. ①邢… Ⅲ. ①河流污染-污染物-迁移-研究 Ⅳ. ①X522

中国版本图书馆 CIP 数据核字（2019）第 291819 号

责任编辑：徐　娟　　　　　　　　　　　文字编辑：邹　宁
责任校对：边　涛　　　　　　　　　　　装帧设计：刘丽华

出版发行：化学工业出版社（北京市东城区青年湖南街 13 号　邮政编码 100011）
印　　刷：三河市航远印刷有限公司
装　　订：三河市宇新装订厂
710mm×1000mm　1/16　印张 8¼　字数 164 千字　2023 年 1 月北京第 1 版第 2 次印刷

购书咨询：010-64518888　　　　　　　售后服务：010-64518899
网　　址：http：//www.cip.com.cn
凡购买本书，如有缺损质量问题，本社销售中心负责调换。

定　　价：73.00 元　　　　　　　　　　　　　　版权所有　违者必究

前言

　　随着我国社会经济的快速发展，环境污染问题日益突出，尤其是近几年河流污染突发事件以及地下水源污染事件频频发生。河流突发性水污染事故的最主要特征是不确定性，包括事故地点、事故水域、污染源以及危害的不确定性。由于这些不确定性，即使通过现场勘测获得了污染事故发生的时间、地点以及事故水域性质等基本信息，污染物的类型和数量也会因发现污染事故时间的滞后性而难以确定，而这些数据恰恰是水环境污染模拟分析所必需的基本参数。此外，污染事故信息还具有不完整性与不可类比性。虽然河流水污染事故频频发生，然而，至今还没有获得一次完整的污染事故全程信息。地下水源污染事件中也存在类似的问题。污染物迁移输运的模拟也需要确定模型参数，如果不解决参数识别问题，同样地，预测问题就会变成空中楼阁，再好的预测方法也解决不了污染预测问题。地下水水文地质参数往往需要通过野外钻孔试验获得，然而野外试验不但费用昂贵，而且范围较小，求得的水文地质参数仅代表试验点附近一个很小的区域，对于研究区域的参数只能基于相应的模型反演求解，即为地下水参数识别问题。因此，研究河流与地下水污染反问题具有广泛而重要的应用价值。

　　针对河流与地下水污染事件，如何快速有效地确定污染源，掌握污染物的时空分布，制定有效的应急预案是当务之急。根据地下水源污染与河流污染事件建立水质模型；确定地下水污染的初值；确定地下水污染源的位置、强度、时间历程以及含水层的渗流速度及弥散系数；确定河流污染的模型参数，不但可以减少大量的污染物监测工作，节约人力物力财力，而且对建立快速高效的应急体系和事故抢险机制，做好突发水污染事件的调查预防、预警预报、处理处置工作具有重要的实际意义。

　　本书以地下水和河流中污染物的迁移输运模型为研究对象，以识别污染物迁移输运过程的模型参数为主要研究内容，首先采用经典的有限差分方法对一维的和二维的、整数阶的和分数阶（时间分数阶的和空间分数阶的）的污染物迁移输运模型进行离散，随后分别设计了 Landweber 迭代、PRP 共轭梯度和变步长梯度正则化三种确定性算法，系统地研究了一维的和二维的、整数阶的和分数阶的污染物迁移输运过程的单个参数和多项参数识别问题，包括污染初值、污染源项以及扩散系数等多参数。本书设计的三种确定性算法有效地识别了地下水和河流污染物迁移输运的初值、源项及多项模型参数问题，既为识别和控制地下水污染和河流污染提供了有力的数据支持，帮助实现污染物迁移输运过程的识别和控制，又丰富了环境水力学反问题的求解方法，具有重要的研究价值和应用前景。

在本书研究和形成过程中，得到了兰州交通大学张国珍教授的倾心支持，是恩师把我引入了污染物迁移输运过程参数识别的领域，并给予了悉心的指导和帮助。在本书撰写过程中，得到了兰州交通大学孙三祥教授和武福平教授多方面的关心、帮助和鼓励，在此一一表示感谢。另外本著作得到了南阳师范学院博士专项——基于确定性算法识别对流-扩散方程的参数及应用研究(2018ZX017)的大力支持，特别感谢南阳师范学院在本书的编著和出版过程中给予的帮助与支持。最后感谢我的爱人和家人对我一如既往的理解和支持。

本书可作为相关领域研究学者和工程技术人员的参考书，由于著者的水平有限，书中难免存在不足和疏漏之处，敬请读者批评指正。

邢利英

2019 年 8 月

目录

3 Landweber 迭代识别一维地下水对流-扩散方程的污染初值 / 042

4 PRP 共轭梯度算法重构一维地下水对流-扩散方程的污染源项 / 052

5　梯度正则化算法联合识别一维河流对流-扩散方程的 多项模型参数 / 066

6　三种确定性算法的比较 / 090

7 变步长梯度正则化算法识别污染物二维迁移输运的反问题 / 096

8 结论与展望 / 109

主要符号表

A	映射	s	$s=\dfrac{v\tau}{2h}$，无因次量
A^{*}	A 的伴随算子		
D	纵向弥散系数，$\mathrm{m^2/s}$	s_2	$s_2=\dfrac{\tau}{2h^2}$，无因次量
E	扩散系数，$\mathrm{m^2/s}$	t	计算时刻，s
F	有界紧线性算子	u	差分方程的数值解，$\mathrm{mg/L}$
H	映射	v	水流速度，$\mathrm{m/s}$
K	污染物的衰减速率，$\mathrm{s^{-1}}$	x	污染物迁移输运方向
L	主流方向长度，m	y	污染物迁移输运方向
P	非线性映射	$\boldsymbol{A}$	三对角系数矩阵
T	溶质输运时间，s	$\boldsymbol{A}_1$	三对角系数矩阵
X	Hilbert 空间	$\boldsymbol{A}_2$	列向量
Y	Hilbert 空间	$\boldsymbol{A}_3$	三对角系数矩阵
c	污染物浓度，$\mathrm{mg/L}$	$\boldsymbol{A}_4$	列向量
$c_T^{\delta}(x)$	带有测量误差的观测数据，$\mathrm{mg/L}$	$\boldsymbol{B}$	三对角系数矩阵
		$\boldsymbol{B}_1$	三对角系数矩阵
d_k	搜索方向	$\boldsymbol{B}_2$	列向量
$\mathrm{d}t$	迁移输运时间，s	$\boldsymbol{B}_3$	三对角系数矩阵
$\mathrm{d}x$	微元体的宽度，m	$\boldsymbol{B}_4$	列向量
$\mathrm{d}y$	微元体的长度，m	$\boldsymbol{H}^{n+1}$	列向量
$\mathrm{d}z$	微元体的高度，m	$\boldsymbol{G}^{n+1}$	列向量
f	污染物的边界函数，$\mathrm{mg/L}$	$\boldsymbol{L}$	三对角系数矩阵
g	源项的噪声扰动，无因次量	$\boldsymbol{P}^{n+1}$	列向量
h	空间步长，m	$\boldsymbol{R}$	泛函空间
m	微元体，无因次量	$\boldsymbol{U}$	三对角系数矩阵
n_e	有效的孔隙率，无因次量	$\boldsymbol{W}^{n+1}$	列向量
pe	Peclet 数，无因次量	$\boldsymbol{Z}^{n}$	列向量
q	污染物的输出量，$\mathrm{mg/(L\cdot s)}$	α	Landweber 迭代的迭代步长
		β_k^{FR}	搜索步长
r	$r=\dfrac{D\tau}{h^2}$，无因次量	ϕ	污染物的初始函数，$\mathrm{mg/L}$
		Ω	计算区域，$\mathrm{m^2}$
r_2	$r_2=\dfrac{\tau}{4h}$，无因次量	Γ	计算区域 Ω 的边界

τ	时间步长，s	ϕ	初值的误差函数
ψ	初值的噪声扰动	f_1	上边界的误差函数
ζ	上边界的噪声扰动	f_2	下边界的误差函数
ξ	下边界的噪声扰动	δ	测量误差，无因次量
ϵ	误差函数	μ	梯度正则化算法的正侧化
q	源项的误差函数		参数

1

绪论

1.1 研究背景及意义

水是生命之源。在茫茫宇宙中，因为有水的存在，地球的生命才得以生存。纵观人类历史，四大文明古国都是建立容易生存的河川台地附近，北半球的幼发拉底河和底格里斯河、尼罗河、黄河和长江流域以及印度河、恒河流域相继产生了世界四大文明。

19 世纪工业革命以来，世界工业向前大步推进，带来了严重的环境污染问题。大量未经处理的工业废水和生活污水直接倾倒进河流、湖泊，使得这些水体受到了不同程度的污染。曾经清澈的河水，肥美的鱼虾，翱翔的飞鸟，都一去不复返了。1977 年联合国水会议发出警告："水，不久将成为继续石油危机之后另一个深刻的社会危机"。

随着我国现代化进程的快速推进，环境污染问题日趋突出，尤其是突发性水环境污染事故频频发生。据表 1.1 统计，2000～2008 年间我国共发生环境污染事故12043 次，平均每年发生 1338 余起，直接经济损失为 97017 万元。其中水污染事故 6406 次，平均每年 712 次，占据环境污染事故的 53.2%。突发性水环境污染事故主要包括河流污染和地下水污染事故。河流污染事故多数是由水路交通溢油、企业违规排放、事故排污以及管道破裂等造成的。比如 2003 年 8 月 5 日中海集团"长阳"轮船约 85t 燃油泄入黄浦江，由于潮流和风向的影响，上游 8km 岸线污染严重。2015 年 11 月 23 日，甘肃陇星锑业尾矿库发生约 2.5 万立方米的含锑尾矿及尾矿水泄漏事件，造成跨甘肃、陕西、四川三省的突发环境事件，对沿线部分群众生产生活用水造成了一定影响，并直接威胁到四川省广元市西湾水厂供水安全，直接经济损失达 6120.79 万元。地下水污染事故主要是由地下水的过多开采、垃圾填埋场的有害渗滤液、企业将污水用高压水井回灌至地下水、工农业和生活污水违规排放、加油站或核电站的石油泄露等造成的。据 2001 年中国环境监测总站对各类垃圾填埋场调查发现，我国垃圾填埋场普遍发生渗漏，几乎所有垃圾填埋场排放的污染物，均未达到国家有关污染控制标准。2015 年 6 月 17 日报道，安徽池州千亩良田变荒地，主要由于香隅化工园区污染农业灌溉水源。据检测，这些污染水中含有大量有毒物，并且多项污染物超标，其中苯的含量是 13.7mg/L，超出污水综合排合排放标准 136 倍。

表 1.1　我国 2000～2008 年我国环境污染事故统计

年份	环境污染事故总数/次	水污染事故总数/次	水污染事故比例/%	直接经济损失/万元
2000	2411	1138	47.2	17808
2001	1842	1096	59.5	12272
2002	1921	1097	57.1	4641
2003	1843	1042	56.5	3375
2004	1406	693	49.3	10515
2005	842	482	57.2	13471
2006	842	482	57.2	13471
2007	462	178	38.5	3278
2008	474	198	41.8	18186

　　针对河流和地下水突发性水污染具体事件，建立合理的数学模型，基于实测数据对模型参数进行调整，可以对污染物迁移输运过程进行分析和控制，为水环境的管理规划和环境评价提供一些参考。污染事件数学模型中的有些信息是已知的；有些信息很容易通过现有的测量方法测量得到，如某个观测点的水体流速或某观测断面上的有限个污染物浓度值；有些信息则很难获得，如不同含水层的水动力弥散系数、不同河段污染物的降解系数等；有些信息更是无法测量得到的，比如污染源项的强度、时间历程。模型数据不完整或较难获得，识别和预测污染物浓度的时空分布就成了空中楼阁。如何从能够测量得到的信息中提取不可测量的信息，这就是环境水力学反问题[1]。

　　反问题在海底石油勘探和医学检测技术中也有广泛的应用价值和前景。目前海上石油勘探技术水平可在水深 6000m 条件下钻井，在 260m 水深处开发油田。但绝大多数探区仍为水深 200m 以内的大陆架范围内[2]。这是因为海洋油气勘探费用一般是陆地油气勘探费用的 5～6 倍，钻井成本每米耗资 1 万元以上，建设海上中型油田投资约 3 亿～6 亿美元，大型油田投资约 20 亿～30 亿美元。海底石油的勘探与陆地勘探相比，技术要求高、投入资金多、风险因素大，但海洋中油气的预期报酬也大[2]。海底石油勘探是通过发射器发射信号，经过海底地层反射，由飘带（接收器）接受反射信号，再分析反射信号，判断能源的蕴藏区域、蕴藏量等情况。如何利用有限的勘探信息，应用相关的技术深入分析区域地质构造及油气聚集规律，尽可能精确地定位油气储量大、产能高的油气沟（石油勘探反问题）至关重要。

　　1979 年诺贝尔生理学及医学奖授予了 Cormack A. M. 和 Hounsfield G. N.，正是由于他们发现了不同的组织对 X 射线的吸收能力不同，从而重建出断层面影像，称为计算机层析成像技术（医学检测反问题）。Computer Tomography（CT）是用 X 射线束对人体某部一定厚度的层面进行扫描，由探测器接收透过该层面的 X 射线，转变为可见光后，由光电转换变为电信号，再经模拟/数字转换器（Analog/Digital Converter）转为数字，输入计算机处理。CT 技术属于物理反问题在医学领域的应用，可用于多种疾病的检查，极大地推动了医疗事业的快速发展，具有重要的医学应用价值。

同样地，在地下水资源勘测和地下水污染的监测控制中也存在类似的问题。2010 年 7 月 5 日《Nature》[3]以整版篇幅报道了我国面临的地下水危机。据了解，我国已经成为缺水性国家，许多北方地区缺水严重。全国有 60% 城市的地下水污染严重，北方城市地下水污染较为严重，不仅污染物的种类繁多，如砷、汞、铬、酚、氰、氟、大肠杆菌、细菌等，而且超标率较高。但是地下水恰恰是北方地区的主要饮用水源。工农业生产过程中产生的重金属、有机物和硝酸盐等不断排放进地下水，日积月累，导致地下水污染事件发生，并且地下水污染呈现出了由点到面、由城市向农村发展的趋势。由于地下水具有深埋性、长期性、不易发现以及难以治理等特点，一旦发生污染事故，危害是长期性的，损失是难以估计的。图 1.1 为偷排的污水管道及暗无生机的污染河道，由于河水是污染的，周围的植物也失去了生机。

图 1.1　偷排的污水管道及暗无生机的污染河道

地下水流动和地下水污染物迁移输运的模拟离不开模型参数。如果不解决水文地质参数反演问题（参数识别反问题），预测问题就会变成空中楼阁[4]，再好的预测方法也解决不了污染预测问题。地下水水文地质参数往往需要通过野外钻孔试验获得，而野外试验不但费用昂贵，而且范围较小，求得的水文地质参数仅代表试验点附近的一个很小区域，对于研究区域的参数只能基于相应的模型反演求解，上述问题即为地下水参数识别反问题。对于非均匀多孔介质中的弥散系数以及不满足达西定律的渗流速度，可以依据地下水流场的部分信息反求获得，从而作为整个地下水流场计算的基础，可省去大量的钻孔取样和实验测定工作。因此，研究地下水污染反问题具有广泛而重要的应用价值。

河流突发污染事件中也存在类似的问题。河流突发性水污染事故的最主要特征是不确定性，包括污染事故发生时间地点的不确定性、事故水域不确定性、污染源不确定性以及危害的不确定性。由于这些不确定性，即使通过现场勘测获得了污染事故发生的时间地点以及事故水域性质等基本信息，而污染物的类型和数量也会因发现污染事故时间的滞后性而难以确定[5]，而这些数据恰恰是水环境污染模拟分析所必需的基本参数。此外，污染事故信息还具有不完整性与不可类比性。虽然水污染事故频频发生，但是，至今还没有获得一次完整的污染事故全程信息。

求解河流污染事故的不确定性是根据污染问题描述建立污染物迁移输运的数学模型，结合已知或可测的模型信息，反求污染源的强度扩散过程等信息、污染水体的相关模型参数，这类问题即是河流污染识别反问题。实际上求解水污染事故的不确定问题就是对水体中污染源的位置、强度、释放历程，污染物的降解速率及水动力弥散系数等模型参数进行估计。河流污染反问题的求解不但可以减少大量污染物监测工作，节约人力物力财力，而且为建立快速高效的应急体系和事故抢险机制，对做好突发水污染事件的调查预防、处理处置、预警预报等工作具有重要的实际意义。

本书以突发性河流和地下水污染事件中污染物的迁移输运模型为研究对象，系统地展开一维的、二维的污染源项、污染初值和模型参数识别的反问题研究，为模拟污染物浓度的时空分布提供一些数据支持，从而实现污染物迁移输运过程的识别和控制，使河流与地下水水环境系统能够真正得到有效的保护，达到真正可持续发展的战略目标。

1.2 国内外研究现状

环境水力学主要研究水土保持、水生态、水污染、河道冲淤、洪水破坏等与环境有关的水力学问题。从水污染有关的角度来讲，环境水力学主要研究地表及地下水体中污染物的扩散、输移和转化规律，建立数学模型，选择计算方法，从而确定污染物的时空分布及其应用。本书主要研究污染物在河流和地下水中的迁移转化规律，其研究模型是水质模型，其数学基础为对流扩散偏微分方程[1]，包括稳态的和非稳态的、一维的和二维的、整数阶的与分数阶的对流扩散方程[5]，其计算方法为确定性的数值模拟方法。

在介绍环境水力学反问题之前，先介绍反问题的基本概念。这里从"盲人听鼓"开始谈什么是反问题。早在1910年，丹麦著名物理学家Loerntz的一次讲演中提出这样一个有趣的问题：仅仅通过鼓的声音能否判断出鼓的形状？即所谓的"盲人听鼓"反问题。顾名思义，反问题是相对于正问题而言的。以"盲人听鼓"反问题为例，它的正问题就是要在已知鼓的形状的前提下，研究其发声规律，这在数学物理历史上是个比较成熟的问题，此时，鼓的所有谱都能通过一套算法利用计算机算出来。如何区分某个问题的"正"与"反"？"由因推果"为正问题，"倒果索因"为反问题。"反问题"之名，盖源于此。

环境水力学的正问题（特指污染物迁移输运问题）是指在选定污染物输运过程的数学模型，给定模型参数和初始边界条件的情况下，计算污染物的时空分布。相反地，环境水力学的反问题是指通过已获得的污染物浓度的测量数据来反求污染物输运的数学模型及模型参数、边界条件、初始条件和污染源位置等信息。例如河流突发的污染事件，如何根据勘测的河流下游断面有限的污染物浓度信息，重构出河流上游污染物的强度、污染事件发生的时间地点；地下水污染事件中，如何根据地下水的已知信息或人为抽水试验的观测资料识别控制方程的渗透系数、地下水流速等模型参数。以上两类问题正是本书所关心的环境水力学反问题。

按照不同的研究目的和控制方程，金忠青[1] 于 20 世纪 80 年代末拓宽了反问题的概念，将环境水力学反问题分为参数识别反问题、源项反问题、边界条件反问题和形状控制反问题四类，如图 1.2 中所示。金忠青[1] 还介绍了五种常见的应用范围较广的反问题的求解方法，包括尝试法（Method of Trail and Error）、控制论方法（Method of Cybernetics）、离散-优化法（Method of Discretization with Optimization）、脉冲谱法（Pulse Spectrum Technique）和摄动法（Method of Perturbation）。本书所研究的环境水力学的水质数学模型属于偏微分方程，因而反问题可归结为偏微分方程系统的控制问题。污染源的控制堪称典型的源项识别反问题，还有废水排放控制问题、水环境容量计算与污染物总量控制问题；对于非均匀多孔介质中弥散系数以及不满足达西定律的渗流速度，可以依据地下水流场的部分信息反求弥散系数及渗流速度，从而作为整个地下水流场计算的基础，可省去大量的钻孔取样和试验测定工作，是地下水参数识别反问题；环境水力学中的温度排放问题常常需要确定水表面的散热系数，属于边界条件确定反问题；最优形状设计是将已知的计算区域上或边界上的部分信息代入控制方程，来确定位置的边界形状，是典型的形状反问题。本书主要研究污染源项问题和参数反问题。

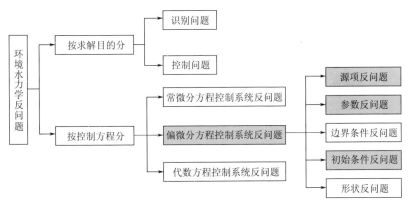

图 1.2　环境水力学反问题分类

环境水力学反问题具有广泛而重要的应用背景，然而，由于反问题具有高度非线性，而环境水力学反问题在数学 Hadamard 意义下是不适定（Ill-posed）的[21]，因而求解起来比较困难。其中反问题的不适定性包括：给定的数据可能不属于数学模型建立的问题值域，因此问题的解可能不存在；问题的解不连续依赖于观测数据的变化，必然带来数据模拟的不稳定性；即使问题的解存在，也不一定唯一。反问题数学研究工作者给出了一些在某种特定空间、特定条件下反问题的不适定性证明，然而尚未给出一般证明，这必然影响普适性方法的建立，往往造成了一类问题的反演方法很难推广应用于另一类问题，对于特定的反问题必须寻找特定的方法。

环境水力学正问题在环境总量控制、江湖水质预测、地下水源污染监测等方面应用广泛。基于瞬时无限长线源的二维扩散方程，丁贤荣[6]等人将 GIS 与水污染模型技术相结合，研发了适合长江三峡水环境决策管理的水污染事故模拟系统，该模拟系统可反映污染事件造成的水污染状况及其时空变化过程，可为突发性水污染事故处理提供强有力的数据支持；侯国祥[7]等人采用简单稳定的零方程湍流模型，应用适体坐标下的有限差分方法对长江三峡移民区内某江段水体污染情况进行了数值求解，模拟结果表明，零方程模型与 k-ε 二方程模型计算结果一致，证明了该模型具有可行性。基于流场和水质模拟技术以及地理信息系统（GIS），李佳[8]等人采用 Mapinfo 控件 MapX 和 C♯.net 开发了钱塘江水质预警预报系统，实现了污染物迁移扩散的常规预报和污染物突发事件的动态模拟，能为钱塘江水系水环境综合管理和宏观决策提供有力的数据支持。

李如忠[9]应用河流水质不确定性模型，得到污染源排放口下游控制断面污染物浓度的各种可能取值区间及其相应可信度分布；文献［10］利用二维随机水质模型模拟了河流中的污染物浓度分布，建立了多个不确定因素影响的河流污染带长度及水环境容量的概率分布计算模型。笔者应用该计算模型对湘江水质进行预测，预测均值与实测值的相对误差小于 9.12%，并且该计算模型的概率分布不但能够反映任何一点的污染物浓度分布，而且能够反映不确定因素影响的污染带范围以及水环境容量随机变化情况。徐艳红[11]等将一维河网水动力模型和二维河流水动力水质模型耦合，建立了一维二维嵌套的水量水质耦合模型，实现了大尺度与小尺度的匹配，预测分析了华容河枯水期流量和水质指标 COD（化学需氧量）变化情况，为华容河水环境管理提供理论依据和技术支持。基于河流水流模型和可降解污染物水质模型，张万顺团队[12,13]设计了二维河流动力学模型和水质模型优化金沙江攀枝花段及赣江的排污口设置，既满足了水体水质要求，又使得企业效益最大化。基于二维浅水方程和对流-扩散方程组，文献［14］采用非结构网格有限体积法构建了鄱阳湖二维水动力和水质耦合模拟模型，以 HLLC 算法计算了水位变化剧烈、地形起伏多变、岸线复杂的鄱阳湖的水量、动量、物质输运通量，为模拟鄱阳湖这类水陆界面动态变化显著湖泊的水流运动及其物质输运提供了模型参考。Sun[15]在著作《Inverse Problems in Groundwater Modeling》里系统地讨论了地下水模型反演问题的基本概念、理论、求解方法和应用，着重解释了反问题是不适定的：解是不稳定的或对于观测数据是不唯一的；观测数据不充分；模型结构存在误差，由此可能还导致其他误差。Sun 在确定性框架和统计框架中定义和求解了逆问题，对各种直接法和间接法进行了讨论和比较。比如：从求解控制方程的角度提出了一种普遍的反问题定义，并给出了最小二乘法、L_p 范数和正则化方法等正问题的解法，接着应用拟线性技术直接求解反问题。著者在第六章中着重讨论了临近状态方程是从流量问题、质量传输问题以及普通耦合问题中衍生出来的，并且临近状态法可以应用于参数识别和敏感性分析中。其次，著者应用统计框架定义和求解了环境反问题，设计了极大似然估计、Kriging 算法和 CO-Kriging 估计等一些统计算法，最后提出了参数识别、模型预测和决策的实验设计之间的关系，同时也考虑了模型结构的识别问题。Harbaugh[16] 调查研究了美国地质调查局模块化地下水模型Modflow 模拟地下水的具体程序。Wu Y[17] 提出了一种耦合有限元法和卡尔曼滤波模型进行渗漏含水层参数识别的方法。该耦合方法考虑了地下水系统的不确定性，因此，在数值模拟过程中识别出了随机参数和确定性参数。采用统计检验、学生检验和卡方检验的方法调查在规定的置信区间内观察数值与模拟数值之间的平均值和偏差值。以中国大庆地区某渗漏含水层系统参数辨识为例，参数估计的可靠性达到 90%。Anderson[18] 等人总结了地下水迁移输运模型建立的过程，讨论了建模目的和构建了数值模型。概念模型需要选择一个合理的数学模型，通过模型验证，成功地预测了地下水迁移输运的过程。

环境水力学反问题在河流污染事件反演、地下水污染控制、地下水渗透系数识别等方面具有广泛而重要的应用背景[19,20]，例如河流突发的污染事件，如何根据勘测的河流下游断面有限的污染物浓度信息，重构出河流上游污染物的强度、污染事件发生的时间历程；地下水污染事件中，如何根据地下水的已知信息或人为抽水试验的观测资料识别地下水污染控制方程的弥散系数、地下水流速等模型参数。然而，由于反问题具有高度非线性，而环境水力学反问题在数学 Hadamard 意义下是不适定 (Ill-posed) 的[21,22]，因而求解起来比较困难。其中反问题的不适定性包括存在性、稳定性和唯一性，反问题数学研究工作者给出了一些在某种特定空间、特定条件下反问题的不适定性证明，然而尚未给出一般证明，这必然影响普适性方法的建立，往往造成了一类问题的反演方法很难推广应用于另一类问题中，对于特定的反问题必须寻找特定的方法。

关于环境水力学的反问题，国内外学者进行了大量的研究，取得了一些重要的成果。一些学者关注于反演环境水污染源的历史浓度分布、污染源位置以及释放历史的研究。金忠青[23] 等人将多个污染源的控制问题转化为对流-扩散方程的源项控制反问题，再将其转化为优化问题，利用脉冲谱原理推导目标泛函对未知源项的变分解析式，从而显著地提高了计算效率。数值结果表明，考虑水流的自净能力，该方法可根据下游河道的环境容量成功地反求出上游河道的若干个污染点源的限制强度。Ani[24] 等人介绍了一种基于长期污染监测数据的图形信息，识别了罗马尼亚河流的污染源问题，图形分析法是将试验浓度剖面与污染物释放后沿河流浓度演变的参考剖面进行比较，为验证该方法的适用性，以已知的沿罗马尼亚河的硝酸盐和铅污染源为参考，模拟结果表明，图形分析法能够实现主要污染源的检测，并可用于调查季节性污染源。此外，该方法还有助于定义河流污染物输移的数学模型结构。Atmadja 和 Bagtzoglou[25]应用 Backward Beam Equation 方法识别污染源项的位置，可以从当前位置的测量数据中恢复污染物的释放历程和空间分布情况。Borah 和 Bhattacharjya[26]结合 Groundwater Modeling System（GMS）软件和 MATLAB 优化程序求解了地下水污染源项识别问题，首先将 GMS 软件中产生的结果输入 MODFLOW 和 MT3DMS 软件包中用于模拟含水层中的流动和输运过程，然后设计程序在 MATLAB 中调用 MODFLOW 和 MT3DMS 软件包，该优化模型最大限度地减小了观测浓度和模拟浓度之间的差异，能寻找出污染源的位置及其浓度分布问题。李功胜[27,28]等基于不饱和土柱实验提出了一种非线性 Freundlich's 等温线的输运模型，设计了一种最佳迭代正则化算法，成功地反演山东淄博市地下水对流-扩散方程的污染源项。李功胜[29]等应用 Caputo 分数阶导数离散地下水控制方程，应用矩阵分析证明了数值稳定性和收敛性，设计了一种最优摄动正则化算法，识别了空间依赖的扩散系数，此外考虑了分数阶数、正则化参数、迭代步长、初始值、近似空间等的影响。数值结果表明该算法对于线性函数、二次函数以及分段函数的扩散项系数比较有效。其他关于污染源项研究见参考文献［30］和［31］。

另外一些学者则致力于环境水力学污染模型的参数识别研究。早在 1987 年 Beck[32]教授综述了不确定性因素在水质数学模型中的识别方法，以及如何运用这些方法解决预测问题。文中提出了模型结构的选择和评价问题以及参数估计问题。此外，该文论述了加权最小二乘估计、极大似然估计和贝叶斯估计等模型参数估计的方法，并且提出了不确定因素影响的水质模型决策的研究方向。在参数不确定的情况下，Wagner 和 Gorelick[33]耦合参数估计与估计的不确定性，优化设计了含水层修复程序。这种将参数的不确定性融合在决策过程中的联合方法能够识别未知含水层参数，量化参数估计的不确定性，模拟水流和物质输运过程，并且能自动地考虑参数的不确定性。数值结果表明，修复需求能够动态地提高参数的不确定性。相对于风险中等情况，风险规避设计方案自动提供"过度设计"保险，这种方法普遍适用于各种地下水管理问题。

Chu[34]等应用地质调查模型解决数据的可用性和不确定性。参数识别程序与地质调查方法结合重构了未知的透射系数和扩散系数。试验表明除了有较多较准确数据的情况，该模型是有限的。对于测试试验而言：观测数据的增多有利于提高参数估计的准确度和污染物羽流的预测问题；当边界条件已知时，污染预测更敏感于透射系数变化而非扩散系数。Mishra 和 Parker[35]结合模拟优化方法研究了瞬时不饱和流土壤水力参数和水流输运模型的参数估计，模拟结果表明：与从水含量数据中反演水力特性，以及从浓度数据反演压头数据相比，联合估计水力和输移特性参数可以得到较小的估计误差或模型误差。此外，作者讨论了随机噪声在数据测量、土壤分层、参数选择等方面对参数估计过程的影响。Yeh[31]综述和评估了用于解决参数识别、试验设计、地下水管理反问题的各种最优化方法，探讨了各种模型的选择标准及模型识别标准。Yeh 认为参数识别反问题通常是采用水文观测数据反求模型参数的最优化，总体来说，最优化设计是对未知的模型参数寻求找到采样策略。最优化方法包括数学编程技术，诸如线性规划、二次规划、动态规划、随机规划、非线性规划及全局搜寻算法。全局搜寻算法主要包括遗传算法、模拟退火法以及禁忌算法。Yeh 应用典型的二维地下水污染物迁移输运问题解释上述的最优化方法的基本构想。闵涛等[36]以函数逼近和 Tikhonov 正则化为基础，结合算子识别摄动法和线性化技术建立了一种迭代算法，反演了河流水质纵向弥散系数识别问题，并且反演结果精度高、稳定性好，反演过程程序化，值得在实际工作中应用推广。

在上述众多的研究文献中，环境水力学反问题的研究方法大致上分为三类：优化算法、地质统计算法和确定性算法。

（1）优化算法

优化算法是目前环境水力学反问题求解的主要方法之一，应用于环境水力学反问题的优化算法主要有遗传算法（Genetic Algorithm，GA）、模拟退火法（Simulated Annealing，SA）、人工神经网络（Artificial Neural Network，ANN）。遗传算法 GA 作为一种全局搜索能力强的随机算法，在环境水力学的参数估计中得到了广泛的应用，关于遗传算法的基本教程参见文献［37］。闵涛[38]等人将对流-扩散方程的源项识别反问题转化为优化问题，设计一种新的遗传算法：从多个初始点开始寻优，并借助交叉、变异算子来获得全局最优解。实例模拟结果表明，该方法具有精度高、收敛速度快且易于计算机实现等特点。王宗志[39]等通过设置断点对遗传算法进行改进，并成功应用改进的 AGA 算法同时识别了多宾斯-坎普 BOD-DO 水质模型的多项参数，而且优化结果与真实值较为接近，表明该算法在河流水质模型参数优化中具有一定的应用前景。针对解析求解河流水质模型的不足和传统方法在求解河流水质模型多参数识别问题时的困难，朱嵩[40]等采用通量限制器 TVD 格式作为环境水力学污染物迁移输运问题的求解工具，提出了基于有限体积法和混合遗传算法（FVM-HGA）的混合算法识别了河流污染水质模型的模型参数，该算法不仅发挥了反演算法全局寻优能力强的优点，而且克服了传统遗传算法局部搜索能力较弱的缺点，因此 FVM-HGA 混合算法对于常系数和变系数的河流污染水质模型的多项模型参数的反演问题是有效的。Long[41]等人运用经典的遗传算法研究了污染源范围对于地下水源项识别问题的影响，研究结果表明：污染范围越大以及维数越高，对源项识别问题的影响越大；主流方向上污染源微小的偏移就会导致预测污染源位置与实际的位置有较大的偏差。Aral[42]等人推荐应用改进的遗传算法求解含水层内污染源位置和排放历史非线性优化问题。此外，实码遗传算法耦合有限单元法被应用于二维河流的水质参数——横向、纵向弥散系数以及污染物的衰减系数估计中[43]，而且水质参数的估计精度令人信服。

Jha[44]耦合了模拟退火法（SA）和模拟水流 MODFLOW 与污染物输运

MT3DMS模拟水流和污染物输运过程，该方法将观测的污染物浓度与模拟的污染物浓度之间的差异降至最低，以获得代表污染源的通量、释放历程等信息。在缺少先验信息的情况下，Prakash和Datta[45]采用模拟退火法有效地重构了污染源项的释放历史以及释放次数，并成功应用于多个不同污染源的不同释放过程中。Singh和Datta[46]利用多层前反馈的人工神经网络（ANN）的泛函逼近性质，对时空变化的未知污染源进行估计，并对未知的流量和输运参数（渗透系数、孔隙率等模型参数）提供了可靠的估计。此外考虑污染物浓度存在测量误差时，针对模拟数据利用反向传播算法对人工神经网络进行模式训练，经过反向传播训练的人工神经网络也能较好地识别污染源和相应的水力学参数。Datta[47]等人采用非线性规划方法将流场和输运过程的控制方程作为等式约束嵌入到优化模型中，并将此优化模型作为外部模块，地下水流场模拟器与优化算法的结合点是优化算法所需的梯度信息，该方法不仅适用大规模的研究区域，而且消除了计算负荷。

（2）地质统计算法

地质统计算法是在大量采样的基础上，通过对样本属性值的频率分布或均值、方差关系及其相应规则的分析，确定其空间分布格局与相关关系[48]。地质统计学既考虑到样本值的大小，又重视样本空间位置及样本间的距离。由于地质统计法能获得具有信息量大且估计精度较高的反问题的解，从而受到了广大学者的青睐。Van[48,49]采用Monte Carlo方法研究了河流的稳态水质模型参数识别问题，进行了不确定性分析和敏感性分析。朱嵩[50]从概率论的角度出发，采用基于马尔科夫链的贝叶斯推理法（Bayesian-Markov Chain Monte Carlo，B-MCMC）建立了环境水力学反问题的求解模型，应用概率语言描述了模型参数、测量数据、先验信息和最终反问题的解，较好地解决了环境水力学的参数估计和污染物源项识别的反问题。作者研究了一维与二维模型、稳定与非稳定模型、常系数与变系数模型以及含源与不含源模型等各种类型的环境水力学数学模型，研究结果表明：B-MCMC既能估计模型参数的分布规律，又能给出模型参数的最优估计值。Wagner[51]基于有限的水头值和污染浓度值，应用非线性最大似然估计法（Nonlinear Maximum Likelihood Estimation，NMLE）联合重构污染源项和模型参数。对于非稳定的单一污染源，非线性最大似然估计法能够得到精确可信的模型参数。然而，当考虑噪声影响时，上述方法变得不那么精确。Boano[52]等用地质统计方法（Geostatistical Method，GM）从有限或多个下游观测到的浓度场数据中有效地识别多个点污染源以及面污染源的空间分布。裴相斌[53]等人结合系统动力学（System Dynamics，SD）方法和地理信息系统方法（Geographic Information System，GIS），建立了新的SD-GIS的大连湾水污染与控制系统模型，模拟了污染物的时空分布，制定出了相应的调控策略，并模拟了大连湾区域不同增长方案对海域环境质量的影响。

（3）确定性算法

确定性算法也是环境水力学反演的主要方法之一，国内外研究学者应用此类方法得到了一些研究成果。Alapati 和 Kabala[54] 应用非线性最小二乘法（Non-linear Least Squares Method，NLSM）重构了已知污染源位置的一维地下水污染源的释放历史，结合几个假想案例的研究结果，作者发现该方法对于测量误差相当敏感。反向约束方法（Back Beam Equation，BBE）被 Bagtzoglou 和 Atmadja[25,55,56] 用来反演地下水污染源的重构问题中。该方法是将溶质输运方程中的对流项视为反向的，而扩散项保持不变，构建抛物线方程的框架来识别非均质介质中溶质的来源，Bagtzoglou 和 Atmadja 成功应用所提方法求解了带有三个潜在污染源的非均质含水层的污染源识别问题。Gurarslan 和 Karahan[57] 利用 MODFLOW 和 MT3DMS 软件对地下水的流动和污染物运移进行了数值模拟，而优化过程采用微分进化算法（Differential Evolution Algorithm，DEA）进行。Gurarslan 和 Karahan 结合实测资料和噪声观测资料，利用两种假设含水层模型对所设计的方法进行了性能测试，在第一个模型中，假定污染源的数量、位置和活动应力期均已知，反演污染源的释放历史；在第二个模型假设没有污染源的信息，重构污染源的释放历史。模型结果优于文献报道的结果。关于微分进化算法 DEA 及改进的微分进化算法 IDEA 详见参考文献 [58]～[61]。

基于正则化方法的反问题求解方法，闵涛[62] 等人设计了最佳摄动量法的求解方法和计算机实现程序，并应用该算法成功地反演了二维分段变系数抛物型方程的参数识别问题。李子[63～65] 等基于时空全域配点 GST-MQ 设计了径向基函数方法研究了地下水污染源识别问题。山东理工大学的李功胜团队[27,66～69] 针对山东省淄博市张店区沣水南部区域地下水的硫酸盐污染问题，采用最佳摄动量法及改进的最佳摄动量法、改进的遗传算法、最优化策略等方法求解了不同参数取值条件下地下水污染源项的识别问题。

1.3　存在的问题

通过上述的文献综述可以发现，上述众多的优化算法、地质统计算法和确定性算法，大都有效地解决了一维各向同性的环境水力学的源项重构与参数识别问题，其中包括河流污染源位置与释放历史问题、地下水污染源强度以及地下水弥散系数的识别估计问题。由于各种算法本身的设计思路、算法构成及实际应用点均不相同，因此上述三类环境水力学反问题算法还存在如下不足之处。

① 优化算法具有全局搜索性能好，普适性强的特点，但往往由于收敛过程较长，在解决大型实际问题时存在一定的困难；另外针对具体问题，能否利用各种优化算法反演环境水力学的反问题，关键在于各种算法的优化设计和参数的选取。

② 地质统计算法考虑环境水力学反问题求解中的不确定性因素，在一定程度上避免了由于"最优"参数失真带来的决策风险。但是，由于参数的产生是随机的，当识别参数较多时，计算量随参数的增多呈指数增加，无疑增加了计算负担，因此在实际问题中很难推广应用。

③ 确定性算法的研究成果大多基于简单的水质模型，并且识别的污染物输运模型参数大多为一个，而多个模型参数的联合识别较少。

然而目前的环境水力学反问题，不再满足于单一模型参数的识别，而是更多关注多项模型参数的联合识别问题；不再只研究一维对流-扩散的情况，而是转向各向异性介质中的多维对流-扩散情形。因此，探索研究其他高效稳定的环境水力学参数识别的算法是十分必要的。

1.4　研究内容及技术路线

环境水力学传质的物理模型和数学公式与热传导反问题的（Heat Transfer Inverse Problem，HTIP）是非常相似的，热传导反问题是指通过可测的或已知的几个温度值来反推初始条件、边界条件、介质的物性参数及内部热源强度等未知项，在数学本质上是不适定的。热传导过程与污染物的稳态扩散过程的数学本质是一样的。热传导反问题已经持续发展了几十年，涌现出了大量的研究成果。Beck[21]和Gorelick[70,71]等人综述了大量相关研究成果。数值求解热传导反问题首先要采用有限差分法（Finite Difference Method，FDM）[72~75]、或有限元法（Finite Element Method，FEM)[76~78]、或有限体积法（Finite Volume Method，FVM)[79,80]、或边界元法（Boundary Element Method，BEM)[81,82]、或无网格法（Meshless Method，MM)[83~85]对研究区域进行离散化，然后采用解决不适定性问题的迭代方法求解。主要的迭代方法有 Tikhonov 正则化技术（Tikhonov Regularization Method，TRM)[86~91]、Landweber 迭代[92~94]、共轭梯度法（Conjugate Gradient Method，CGM)[95,96]等。

正则化技术作为一种广泛应用且行之有效的求解不适定问题的反演方法，目前在数学物理反问题领域中广泛使用。早在 20 世纪 60 年代初，Tikhonov 提出了正则化方法，后来得到深度发展[97]，然而其研究成果主要集中于数学物理反问题领域，近二三十年来开始引入到环境水力学参数识别领域，并取得了一些研究成果。由于偏微分方程逆问题容易转化为带约束的非线性优化问题，然而非线性优化方法本身在数值计算上存在计算困难的限制，因而很难将其应用在多参数或高维的偏微分方程逆问题中。苏超伟[98]从函数逼近论出发，利用扰动法和正则化方法对扰动量进行优化，设计了最佳摄动量法，解决了一维线性扩散方程的扩散系数识别问题；针对多孔介质中溶质运移的非菲克反常扩散行为，池光胜[99]建立了分数阶对流-弥散数学模型（Fractional Advection-Dispersion Equation，FADE)，应用最佳摄动量法和同伦算法分别研究了 FADE 的多项模型参数和源项联合识别问题。数值结果表明，所设计算法对于一维有限域上具有第一类边值条件的 FADE 反问题是有效的，并且当分数阶数趋于 2.0 时，重构结果较好。此外，对于水质模拟和水质规划中的 Dobbins BOD-DO 耦合模型，文献［100］应用 Frechet 导数-正则化方法（Frechet-Regular Method）有效地识别了模型中的分布式参数，为水质模拟和预测预报提供了有力的数据支持。

Landweber 迭代作为一种求解非线性不适定问题的迭代方法，对于求解大规模问题是十分有利的，而且迭代结果比较稳定，具有较强的鲁棒性[22]。Landweber 迭代在数学领域应用较多。早在 1998 年，Scherzer[101] 提出了一种改进的 Landweber 迭代算法求解非线性反问题，并比较了先验的和后验的终止条件，成功地求解了几个数值算例的参数估计问题。

针对退化抛物型方程的源项系数反演问题

$$\begin{cases} u_t - [a(x)u_x]_x = f(x) & (x,t) \in Q = (0,l) \times (0,T] \\ u(x,0) = \varphi(x) & x \in (0,l) \end{cases} \tag{1.1}$$

其中 $a(x) \in (0, l)$，$\varphi(x) \in (0, l)$ 是光滑函数，并满足 $a(0) = a(l) = 0$，$a(x) > 0$，$x \in (0, l)$ 以及 $\varphi(x) \geqslant 0$，$\varphi(x) \neq 0$，$x \in (0, l)$，附加条件如下为

$$u(x,T) = g(x), x \in (0,l) \tag{1.2}$$

其中 $g(x)$ 是一个已知函数，并满足齐次狄利克雷边界条件。

Rao[93] 首先应用有限差分法建立了上述偏微分方程的差分格式，接着应用最大模估计证明了差分方程的稳定性和唯一性，设计 Landweber 迭代反演源项系数，并用几个数值算例验证了 Landweber 迭代的有效性和稳定性。基于声学应用，Li[102] 应用 Landweber 迭代成功地重构了温度场三维分布情形。然而应用 Landweber 迭代求解环境水力学反问题的研究还比较少。

共轭梯度法 CGM 是介于最速下降法与牛顿法之间的一个方法，它仅需利用一阶导数信息，既克服了最速下降法收敛慢的缺点，又避免了牛顿法需要存储和计算 Hesse 矩阵并求逆的缺点，共轭梯度法不仅是解决大型线性方程组最有用的方法之一，也是解大型非线性方程最优化最有效的算法之一。在各种确定性优化算法中，共轭梯度法是非常重要的一种。其优点是所需存储量小，具有步收敛性，稳定性高，而且不需要任何外来参数[95]。共轭梯度法是一个典型的共轭方向法，它的每一个搜索方向是互相共轭的，而这些搜索方向仅仅是负梯度方向与上一次迭代的搜索方向的组合，因此，存储量少，计算方便。由于共轭梯度法不需要矩阵存储，且有较快的收敛速度和二次终止性等优点，现在共轭梯度法已经广泛地应用于实际问题中[95,96]。Hestenes[103] 应用共轭梯度算法有效地解决了大型线性对称系统问题。Yang[104] 等在最优控制框架的基础上，将传热反问题转化为优化问题，建立了罚函数极小元的存在性和必要性条件，在网格参数趋于零的情况下，极小元的收敛性也得到了证明，应用一些典型的数值检验所提算法。数值计算结果表明，共轭梯度算法是稳定的，不确定的热源得到了很好的恢复。

梯度正则化算法（Gradient Regularization Method，GRM）是利用反问题的附加条件对待求参数的级数进行展开，然后应用迭代法求解不适定性问题。自梯度正则化算法提出以来，在土壤非饱和水分运动参数反演[105]、材料物性参数识别[106]、图像重建[107] 等许多领域都得到了成功的应用。梯度正则化算法 GRM 为环境水力学反问题的求解提供了新的方法和思路，目前研究尚处于探索阶段。

对于环境水力学的反问题，工程界和数学界研究工作方兴未艾，在探索不同算法的适用性的同时，探索更多识别污染源项和模型参数估计的算法也是一项重要的研究工作。本书设计 Landweber 迭代算法、PRP 共轭梯度算法和梯度正则化算法研究河流和地下水中污染物迁移输运的初值识别、源项重构和模型参数识别反问题，其研究模型是水动力-水质模型，其数学基础为对流-扩散偏微分方程，包括一维的和二维的、整数阶的和分数阶的。

1.4.1 主要研究内容

本书以对流-扩散偏微分方程为环境水力学反问题研究的数学基础，采用无条件稳定的隐式差分格式求解一维对流-扩散方程；采用交替方向隐格式（Alternating Direction Implicit scheme，ADI）离散二维对流-扩散方程，设计出了三种确定性算法，分别求解一维的和二维的、整数阶的和分数阶的污染物迁移输运的初值反问题、源项反问题以及参数识别反问题。本书设计的反演算法均是在 PC 机上应用 MATLAB 软件实现的，主要研究内容如下。

① 针对污染物沿一维主流方向输运的过程，建立一维对流-扩散方程的有限差分格式，并应用能量不等式证明显式、隐式和 Crank-Nicolson 格式差分格式的稳定性；对于污染物沿二维主流方向输运的过程，构建二维对流-扩散方程的 ADI 隐式差分方程，类似地利用能量不等式证明 ADI 隐式差分方程的稳定性，为后续环境水力学反问题的求解提供理论基础。

② 设计 Landweber 迭代算法识别一维地下水污染物输运过程的污染初值反问题，并研究有关参数对识别结果的影响，比如正则化参数、迭代次数和测量误差。此外，考虑不连续初值对识别结果的影响，应用地下水污染物输运的特殊情况——纯扩散和对流扩散——案例，验证所提算法的有效性。

③ 提出 PRP 共轭梯度算法识别一维地下水污染物输运过程的污染源项识别反问题，并考虑了初始值、迭代次数和测量误差的影响。应用淄博地区地下水硫酸根平均入渗强度的反演实例检验所提算法的有效性和稳定性。针对 PRP 共轭梯度算法对于初值比较敏感的问题，结合全局搜索优化算法的遗传算法 GA，设计一种新的混合算法（Hybrid Method），应用实例检验该算法反演污染源项的有效性和稳定性。此外，探讨几个主要影响参数对识别结果的影响。

④ 引入梯度正则化算法求解一维河流污染物输运过程多项模型的联合重构问题，比如常系数河流模型的平均流速、弥散系数以及污染物的一级降解速率的联合重构，线性相关和线性无关的变系数河流模型的平均流速、弥散系数以及污染物的一级降解速率的联合重构。与此同时，考虑几个主要影响参数——正则化参数、初始值及测量误差等对数值识别结果的影响。

针对 non-Fickian 现象的污染物迁移输运的参数识别反问题，建立一维空间和时间分数阶的对流-扩散方程，设计变步长梯度正则化算法联合重构，并分析分数微分阶数、正则化参数、测量误差及初始值对识别结果的影响。

⑤ 应用一实际案例的污染源项识别问题对比 Landweber 迭代、PRP 共轭梯度算法和梯度正则化算法，选择出更稳定更有效的环境水力学反问题的反演算法。

⑥ 针对污染物二维对流-扩散方程的源项重构、参数识别及混合反问题，提出变步长梯度正则化算法识别污染物二维迁移输运过程的反问题。应用实例检验算法的有效性和稳定性，并探讨初始值、正则化参数与测量误差对识别结果的影响。

1.4.2 技术路线

从本书的主要研究内容可以看出：除了第 1 章绪论、第 2 章环境水力学对流-扩散方程及数值求解以及第 8 章结论与展望之外，本书的主体部分有五章，主要研究污染物迁移输运过程的初值反问题、源项反问题以及模型参数识别反问题。第 3 章、第 4 章和第 5 章分别设计 Landweber 迭代算法、PRP 共轭梯度算法和梯度正则化算法分别求解一维整数阶的对流-扩散方程的上述几类反问题，在上述研究的基础上，第 6 章将上述三种确定性算法进行对比，针对污染源项的识别反问题，推荐一种较优的反演方法。第 7 章应用变步长梯度正则化算法识别污染物二维迁移输运的反问题，重点研究了正则化参数、初始值及测量误差对识别结果的影响。

针对污染物迁移输运过程的反问题，包括初值反问题、源项反问题和模型参数识别反问题，本书设计 Landweber 迭代算法、PRP 共轭梯度算法和梯度正则化算法分别求解上述几类反问题。Landweber 迭代算法成功求解初值反问题的关键在于确定合理的初始值和合理的正则化参数；PRP 共轭梯度算法则需要合理的初始值，方能快速有效地重构出精度较高的污染源项；定步长的梯度正则化算法的成功应用必须选择合理的正则化参数，然而变步长的梯度正则化算法不但需要合理的正则化参数，而且需要确定合理的迭代步长。这些相关的内容在后续的研究中都有具体的阐述。基于上述所描述的研究内容，本书的技术路线如图 1.3 所示。

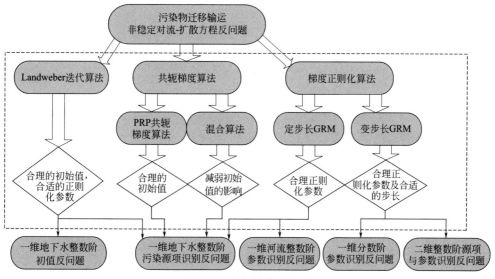

图 1.3　本书的技术路线

2

环境水力学对流-扩散方程
及数值求解

2.1 环境水力学对流-扩散方程

2.1.1 环境水力学对流-扩散方程的建立

污染物在环境水体中的迁移输运过程包括复杂的物理、化学、物理化学、生物以及生物化学作用的过程，这一复杂过程一方面取决于污染物本身的性质，另一方面取决于受体环境的条件。为了简化研究，本书研究的污染物迁移输运过程，主要包括对流、扩散以及衰减作用。对流作用是指污染物在水动力的作用下由一个区域迁移到另一个区域的现象，在迁移输运过程中污染物的组分不发生变化。只要水体有流动，就存在对流作用，对流通常是污染物迁移输运的主要动力。扩散作用包括分子扩散、机械弥散以及紊流扩散，分子扩散是由污染物分子做随机布朗运动引起的；机械弥散是由质点的实际流速、浓度相对于断面平均值的不均匀分布引起的分散现象，一般将分子扩散与机械弥散统称为弥散作用。污染物的分子扩散能力较弱，在水体流速不慢的情况下，分子扩散作用远小于机械弥散作用，因此一般可忽略分子扩散作用。紊流扩散是由流场中质点的瞬时值相对于时间平均值的随机脉动产生的分散现象。上述三种扩散作用均可由 Fick 第一定律描述。衰减作用是由于污染物本身的衰减导致浓度降低的现象。实践表明，污染物在环境水体中的衰减过程基本符合一级动力学衰减规律[108]。

设水中污染物只沿 x 方向和 y 方向迁移扩散，污染物浓度为 $c(x, y, t)$，弥散系数为 D_x、D_y，水流速度为 v_x、v_y，污染物的衰减速率为 K，考虑污染物在 x 方向和 y 方向存在浓度梯度，下面推导污染物迁移输运过程的控制方程。

假设微元体 m 如图 2.1 所示。在 dt 时间段内，微元体内污染物的输入量和输出量分别如下。

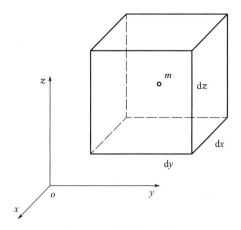

图 2.1 微元体示意图

对流作用引起的输入量为

$$\left[v_x c\,\mathrm{d}y\,\mathrm{d}z + v_y c\,\mathrm{d}x\,\mathrm{d}z\right]\mathrm{d}t$$

扩散作用引起的输入量为

$$\left[-D_x\frac{\partial c}{\partial x}\mathrm{d}y\,\mathrm{d}z - D_y\frac{\partial c}{\partial x}\mathrm{d}x\,\mathrm{d}z\right]\mathrm{d}t$$

对流作用引起的输出量为

$$\left[v_x c\,\mathrm{d}y\,\mathrm{d}z - \frac{\partial v_x c}{\partial x}\mathrm{d}x\,\mathrm{d}y\,\mathrm{d}z + v_y c\,\mathrm{d}x\,\mathrm{d}z - \frac{\partial v_y c}{\partial y}\mathrm{d}x\,\mathrm{d}y\,\mathrm{d}z\right]\mathrm{d}t$$

扩散作用引起的输出量为

$$\left[-D_x\frac{\partial c}{\partial x}\mathrm{d}y\,\mathrm{d}z - \frac{\partial}{\partial x}\left(-D_x\frac{\partial c}{\partial x}\right)\mathrm{d}x\,\mathrm{d}y\,\mathrm{d}z - D_y\frac{\partial c}{\partial y}\mathrm{d}x\,\mathrm{d}z - \frac{\partial}{\partial x}\left(-D_y\frac{\partial c}{\partial y}\right)\mathrm{d}x\,\mathrm{d}y\,\mathrm{d}z\right]\mathrm{d}t$$

考虑污染物在微元体内按照一级动力学衰减，衰减输出量为

$$-Kc\,\mathrm{d}x\,\mathrm{d}y\,\mathrm{d}z\,\mathrm{d}t$$

考虑污染源项时，污染物的输出量为

$$q(x,y,t)\mathrm{d}x\,\mathrm{d}y\,\mathrm{d}z\,\mathrm{d}t$$

在 $\mathrm{d}t$ 时间段内，微元体内污染物的总输入量和总输出量分别表示为式(2.1)和式(2.2)，总输入量为

$$\left[v_x c\,\mathrm{d}y\,\mathrm{d}z + v_y c\,\mathrm{d}x\,\mathrm{d}z - D_x\frac{\partial c}{\partial x}\mathrm{d}y\,\mathrm{d}z - D_y\frac{\partial c}{\partial x}\mathrm{d}x\,\mathrm{d}z\right]\mathrm{d}t \qquad (2.1)$$

总输出量为

$$\left[v_x c\,\mathrm{d}y\,\mathrm{d}z - \frac{\partial v_x c}{\partial x}\mathrm{d}x\,\mathrm{d}y\,\mathrm{d}z + v_y c\,\mathrm{d}x\,\mathrm{d}z - \frac{\partial v_y c}{\partial y}\mathrm{d}x\,\mathrm{d}y\,\mathrm{d}z - D_x\frac{\partial c}{\partial x}\mathrm{d}y\,\mathrm{d}z - \frac{\partial}{\partial x}\left(-D_x\frac{\partial c}{\partial x}\right)\mathrm{d}x\,\mathrm{d}y\,\mathrm{d}z\right.$$
$$\left. - D_y\frac{\partial c}{\partial y}\mathrm{d}x\,\mathrm{d}z - \frac{\partial}{\partial x}\left(-D_y\frac{\partial c}{\partial y}\right)\mathrm{d}x\,\mathrm{d}y\,\mathrm{d}z - Kc\,\mathrm{d}x\,\mathrm{d}y\,\mathrm{d}z + q(x,y,t)\mathrm{d}x\,\mathrm{d}y\,\mathrm{d}z\right]\mathrm{d}t \qquad (2.2)$$

在 $\mathrm{d}t$ 时间段内，由于污染物的增加所引起的浓度变化为

$$[c(x,y,t+\mathrm{d}t)-c(x,y,t)]\mathrm{d}x\mathrm{d}y\mathrm{d}z\mathrm{d}t=\frac{\partial c}{\partial t}\bigg|_{(x,y,t)}\mathrm{d}x\mathrm{d}y\mathrm{d}z\mathrm{d}t \tag{2.3}$$

根据质量守恒定律，污染物浓度所满足的微分方程为

$$\frac{\partial c}{\partial t}\mathrm{d}x\mathrm{d}y\mathrm{d}z\mathrm{d}t=\left[-\frac{\partial v_x c}{\partial x}\mathrm{d}x\mathrm{d}y\mathrm{d}z-\frac{\partial v_y c}{\partial y}\mathrm{d}x\mathrm{d}y\mathrm{d}z-\frac{\partial}{\partial x}\left(-D_x\frac{\partial c}{\partial x}\right)\mathrm{d}x\mathrm{d}y\mathrm{d}z\right.$$
$$\left.-\frac{\partial}{\partial x}\left(-D_y\frac{\partial c}{\partial y}\right)\mathrm{d}x\mathrm{d}y\mathrm{d}z-Kc\mathrm{d}x\mathrm{d}y\mathrm{d}z+q(x,y,t)\mathrm{d}x\mathrm{d}y\mathrm{d}z\right]\mathrm{d}t \tag{2.4}$$

如果将流速 v_x 和 v_y、弥散系数 D_x 和 D_y 看成常数，环境水力学污染模型的微分方程为

$$\frac{\partial c}{\partial t}+v_x\frac{\partial c}{\partial x}+v_y\frac{\partial c}{\partial y}-D_x\frac{\partial^2 c}{\partial x^2}-D_y\frac{\partial^2 c}{\partial y^2}+Kc=q(x,y,t) \tag{2.5}$$

若考虑一维的情况，忽略源项，方程（2.5）可化简为

$$\frac{\partial c}{\partial t}+v_x\frac{\partial c}{\partial x}-D_x\frac{\partial^2 c}{\partial x^2}+Kc=0 \tag{2.6}$$

污染物初始时刻的浓度分布为

$$c(x,y,t)|_{t=0}=\phi(x,y) \quad (x,y)\in\Omega \tag{2.7}$$

式中　t——任意给定的初始时刻；

　　　ϕ——已知的位置函数。

污染物在计算区域边界 Γ 满足 Dirichlet 第一类边界条件，即

$$c(x,y,t)|_{\Gamma}=f(x,y,t) \quad (x,y)\in\Gamma,t\in(0,T] \tag{2.8}$$

式中　Γ——计算区域 Ω 的边界。

由此，联立污染物水质—水动力模型方程（2.5）和初始条件方程（2.7）以及边界条件方程（2.8），可得污染水体中污染物的二维偏微分方程

$$\begin{cases} \dfrac{\partial c}{\partial t}+v_x\dfrac{\partial c}{\partial x}+v_y\dfrac{\partial c}{\partial y}-D_x\dfrac{\partial^2 c}{\partial x^2}-D_y\dfrac{\partial^2 c}{\partial y^2}+Kc=q(x,y,t) & (x,y)\in\Omega,t\in(0,T] \\ c(x,y,t)|_{t=0}=\phi(x,y) & (x,y)\in\overline{\Omega} \\ c(x,y,t)|_{\Gamma}=f(x,y,t) & (x,y)\in\Gamma,t\in[0,T] \end{cases}$$
$$\tag{2.9}$$

本书研究的地下水与河流的污染物对流-扩散模型均可由公式（2.9）演化而来。

2.1.2　河流污染对流-扩散方程

假定污染物沿主流 x 方向扩散，不考虑源项，一维非稳态河流污染水质模型[9,109]为

$$\begin{cases} \dfrac{\partial c(x,t)}{\partial t}+v_x\dfrac{\partial c(x,t)}{\partial x}-E_x\dfrac{\partial^2 c(x,t)}{\partial x^2}+Kc(x,t)=0 & (x,t)\in\Omega=[0,L]\times[0,T] \\ c(0,t)=f_1(x,t) & t\in[0,T] \\ c(L,t)=f_2(x,t) & t\in[0,T] \\ c(x,0)=\phi(x) & x\in[0,L] \end{cases}$$
$$\tag{2.10}$$

式中　　　　　$c(x,t)$——测点（x，t）处的污染物浓度，mg/L；

　　　　　　　v_x——河流的平均流速，m/s；

　　　　　　　E_x——纵向扩散系数，m^2/s；

$f_1(x,t)$，$f_2(x,t)$——边界条件；

　　　　　　　$\phi(x)$——初值条件。

2.1.3　地下水污染对流-扩散方程

设污染物的源（汇）项为 $\dfrac{q(x)}{n_e}$，结合初边界条件，地下水中污染物的一维非稳态迁移输运模型[109]可表示为

$$
\begin{cases}
\dfrac{\partial c(x,t)}{\partial t}+v\dfrac{\partial c(x,t)}{\partial x}-D\dfrac{\partial^2 c(x,t)}{\partial x^2}+Kc(x,t)=\dfrac{q(x)}{n_e} & (x,t)\in\Omega=[0,L]\times[0,T] \\
c(0,t)=f_1(t) & t\in[0,T] \\
c(L,t)=f_2(t) & t\in[0,T] \\
c(x,0)=\phi(x) & x\in[0,L]
\end{cases}
$$

$$(2.11)$$

式中　$c(x,t)$——测点（x，t）的污染物浓度，mg/L；

　　　$q(x)$——污染源项，仅考虑为空间变量的函数，mg/(L·s)；

　　　D——污染物在 x 方向的弥散系数，m^2/s，$D=a_L v$，a_L 为污染物沿方向的弥散度，m；

　　　v——地下水实际的渗流速度，m/s；

　　　K——污染物的综合降解系数，s^{-1}；

　　　n_e——有效的孔隙率，无量纲；

　　　Ω——计算区域；

　　　T——溶质输运时间，s；

　　　L——主流方向长度，m；

$f_1(t)$，$f_2(t)$——边界条件；

　　　$\phi(x)$——初值条件。

设均匀黏土介质中，污染物的存在不影响流体原有的流动特性，即弥散介质的存在不改变流场的速度分布，通常假设污染物的弥散系数为常数[110]，本论文采用此假定。

从数学模型上看，上述的河流污染水质模型和地下水污染水质模型是类似的，只是方程中参数含义不同而已，因此可将它们归属于一类对流-扩散方程。后续的离散过程主要是以一维地下水对流-扩散方程为例进行的。

2.1.4　环境水力学对流-扩散方程的分类

如果考虑污染物随时间的变化情况，需要采用非稳态对流-扩散模型，实际的

环境水力学中污染物的迁移输运过程大多是随时间不断变化的，因此，后续章节主要研究非稳态对流-扩散模型；如果考察某一时刻污染物的分布情况，需要采用稳态对流-扩散模型。

对流-扩散方程组式(2.11)的第一个式子中左端第二项表示对流作用，第三项表示扩散作用。根据对流项和扩散项的相对比例，可将对流-扩散方程分为"对流占优"和"扩散占优"两类。顾名思义，"对流占优"问题是指对流作用远远大于扩散作用；相反地，"扩散占优"问题是指扩散作用远大于对流作用。通常用Peclet数（Pe，佩克莱数）表示对流作用与扩散作用的相对大小。

$$Pe = \frac{vh}{D} \tag{2.12}$$

式中　Pe——Peclet 数，无量纲数；

v——实际流速，m/s；

h——空间步长，m；

D——弥散系数，m²/s。

当 $Pe=0$ 时，即对流项为零，方程演变为纯扩散问题；当 $0<Pe<2$ 时，对流作用与扩散作用相当，式(2.11)中的对流项无论采用迎风格式还是中心加权，数值结果表现较好[110~113]；当 $Pe<0$ 时，污染物沿 x 负方向流动；当 Pe 的绝对值很大时，对流作用远远大于扩散作用，对流作用把上游的信息带到下游，而扩散的作用几乎可以忽略，方程演化成纯对流问题。由于对流项的差分会导致数值解存在振动现象，而克服解的振动又通常会产生较大的数值弥散，解的振动与数值弥散问题是相互关联的，此类问题是目前国际上的研究热点[110]，到目前为止仍没有从根本上解决。因此，本研究不涉及这种情况，在后续的章节中，只考虑对流作用与扩散作用相当的情况。

2.2　环境水力学对流-扩散方程的数值解法

2.2.1　有限差分法（FDM）

有限差分法（FDM）是数值解法中最为经典的方法之一，主要步骤为：利用与坐标轴平行的网格线将求解区域划分为规则的网格，应用离散的网格节点代替连续的求解区域，然后在每个网格节点上应用 Taylor 展开差分格式，求解这些差分方程组，即可得到控制方程的数值解[40]。所以，有限差分法（FDM）是一种由差商代替微商的数值解法[114]。差分格式有显式差分格式、隐式差分格式、Crank-Nicolson 差分格式以及 ADI 交替方向隐格式，前两种差分格式的逼近误差为 $O(\Delta t + h^2)$，Crank-Nicolson 差分格式的逼近误差为 $O(\Delta t^2 + h^2)$，ADI 交替方向隐格式的逼近误差为 $O(\Delta t + h^2)$。

有限差分法 FDM 求解复杂区域的精度较差，而对于规则区域的求解较为精确，具有较强的通用性。后续的研究主要考虑一维和二维规则区域的求解，因此主要应用有限差分法离散控制方程。

2.2.2 有限元法（FEM）

有限元法（FEM）起源于20世纪40年代，它能处理较复杂几何条件与物理条件的问题，因而成为一种应用广泛的数值求解方法[76]。有限元法（FEM）的基础是变分原理和加权余量法。其基本求解思想是把计算域划分为有限个互不重叠的单元（三角形或四边形），在每个单元内，选择一些合适的节点作为求解函数的插值点，应用样条函数选取"局部基函数"或"分片多项式空间"的技巧，将微分方程中的变量改写成由各变量或其导数的节点值与所选用的插值函数组成的线性表达式，借助于变分原理或加权余量法，将微分方程离散求解[111,115,116]。采用不同的权函数和插值函数形式，便构成不同的有限元方法。

有限元法（FEM）可以把微小单元划分成不同尺度的各种形状，所以特别适用于不规则的计算区域，尤其适合线性椭圆型偏微分方程[114]。有限元法最早应用于结构力学，随着计算机的发展逐渐应用于流体力学的数值模拟中。然而，有限元法（FEM）在处理对流-扩散方程的对流项时不如有限体积法成熟。

2.2.3 有限体积法（FVM）

有限体积法（FVM）又称有限容积法、控制体积法，近年来在CFD领域发展较为迅速。基本原理是将计算区域划分成一系列不重叠的控制体积[117]（四面体或六面体），并使每个网格点周围有一个控制体积，在每个网格单元上对待求的微分方程在每一个控制体积进行积分，并且这些积分值随着每一个时间步长被不断修正，从而导出一组离散方程，即有限体积法的离散格式[118]，其中的未知数是网格点上的因变量的数值。为了求出控制体积的积分，必须假定值在网格点之间的变化规律，即假定值的分段分布剖面。应用有限体积法导出的离散方程，不仅满足守恒性，并且各系数的物理意义明确。

有限体积法（FVM）采用局部近似的离散方法逼近待求量，类似于有限差分法（FDM）；有限体积法（FVM）应用加权余量法中的子域法对计算区域进行积分，类似于有限元法（FEM）。因此，有限体积法（FVM）兼顾有限差分法（FDM）和有限元法（FEM）的特点，能够适应各种结构化的和非结构化的网格[118,119]。由于有限体积法（FVM）的局部守恒性和网格剖分的灵活性，目前在传质、传热等工程领域应用较为广泛。

2.2.4 无网格法（MM）

无网格法（MM）是由Lucy于20世纪70年代提出的光滑粒子动力学（Smoothed Particle Hydrodynamics，SPH）方法，到20世纪末慢慢成为计算力学领域最活跃的研究分支。基本思想是：在求解区域上任意设置有限个节点，用物理量近似值的权函数（或核函数）来表征一系列节点及其邻域内的物理和力学信息，进而应用加权残量法和近似权函数对微分方程进行离散[120]。无网格法（MM）与有限差分法（FDM）和有限元法（FEM）的根本区别在于它免除了定义在求解区域上的网格结构，不受网格约束，可以方便地在求解域上增加或减少节点，从而极大地改善局部求解区域的求解精度。

虽然无网格法（MM）消除了网格的束缚，解决了不连续问题并保证了求解精度，然而大规模使用无网格法，将大大增加计算时间，并且计算量较大计算效率较低。因此无网格法只适用于不连续、大变形或应力集中等局部区域，其他区域可以采用有限元或有限差分法离散求解。无需借助网格，前处理过程比较简单，不需要迭代计算过程。近几年来无网格方法发展迅速，已有大量的研究成果和专著发表[120~122]。

2.3 环境水力学一维对流-扩散方程的有限差分法

有限差分法（FDM）求解偏微分方程的初边值问题，实际上是将连续的模型空间离散为规则或不规则的网格点，利用导数的差分格式代替微分，通过求解差分方程组，得到一组离散的待求变量的值作为连续场中的一种近似结果[114]。应用有限差分法（FDM）离散控制方程，第一步是对计算区域 $\Omega = [0, L] \times [0, T]$ 进行网格剖分。将计算区域 Ω 划分 $M \times N$ 等份，则空间步长和时间步长分别为 $h = \dfrac{L}{M}$ 和 $\tau = \dfrac{T}{N}$，设测点 (x_j, t_n) 是网格节点。则

$$x_j = jh \quad j = 0, 1, \cdots, M \tag{2.13}$$

$$t_n = n\tau \quad n = 0, 1, \cdots, N \tag{2.14}$$

式中 M、N 为两个正整数，图 2.2 为网格剖分图。

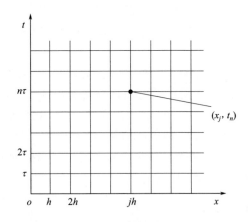

图 2.2　网格剖分图

方程组（2.11）中的第一个式子可转化如下简单的形式

$$c_t - Dc_{xx} + vc_x + Kc = \frac{q(x,t)}{n_e} \quad (x,t) \in \Omega \tag{2.15}$$

式中 c_t、c_x 和 c_{xx} 分别表示污染物浓度 $c(x, t)$ 关于时间的一阶导数、关于空间的一阶与二阶导数。

2.3.1 显式差分格式

显式差分格式（Explicit Difference Scheme）是采用时间导数向前差商，而用空间导数用中心二阶差商逼近微分方程的差分格式。由于显式差分格式是一种条件稳定、精度低的差分格式，所以在实际计算中，一般很少采用[74]。作为一种基本的差分格式，本章仍然介绍显式差分格式，显式差分格式的节点图如图 2.3 所示，式(2.11) 中第一个式子的显式差分格式见式(2.16)

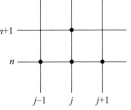

图 2.3 显式差分格式的节点图

$$\frac{c_j^{n+1}-c_j^n}{\tau}+v\frac{c_{j+1}^n-c_{j-1}^n}{2h}-D\frac{c_{j-1}^n-2c_j^n+c_{j+1}^n}{h^2}+Kc_j^n=\frac{q_j^n}{n_e} \quad 1\leqslant j\leqslant M, \quad 1\leqslant n\leqslant N$$

(2.16)

式(2.16) 可变形为

$$c_j^{n+1}=(r+s)c_{j-1}^n+(1-2r-K\tau)c_j^n+(r-s)c_{j+1}^n+\tau\frac{q_j^n}{n_e}$$

(2.17)

式中 $r=\dfrac{D\tau}{h^2}$，$s=\dfrac{v\tau}{2h}$。

初边值条件离散如下

$$\begin{cases} c_j^0=\phi(x_j) & j=1,2,\cdots,M \\ c_0^n=f_1(t_n) & n=1,2,\cdots,N \\ c_M^n=f_2(t_n) & n=1,2,\cdots,N \end{cases}$$

(2.18)

联立式(2.17) 和式(2.18)，显式差分格式可表示为

$$\boldsymbol{C}^{n+1}=\boldsymbol{A}\boldsymbol{C}^n+\boldsymbol{G}^{n+1}+\tau\boldsymbol{H}^{n+1}$$

(2.19)

其中

$$\boldsymbol{C}^{n+1}=(c_1^{n+1},c_2^{n+1},\cdots,c_{M-1}^{n+1})'$$

$$\boldsymbol{C}^n=(c_1^n,c_2^n,\cdots,c_{M-1}^n)'$$

$$\boldsymbol{H}^{n+1}=\left(\frac{q_1^{n+1}}{n_e},\frac{q_2^{n+1}}{n_e},\cdots,\frac{q_{M-1}^{n+1}}{n_e}\right)'$$

$$\boldsymbol{G}^{n+1}=[(s+r)c_0^{n+1},0,\cdots,0,(r-s)c_M^{n+1}]'。$$

$\boldsymbol{A}$ 为典型的三对角系数矩阵

$$\boldsymbol{A}=\begin{bmatrix} 1-2r-K\tau & r-s & & & \\ r+s & 1-2r-K\tau & r-s & & \\ & r+s & 1-2r-K\tau & \ddots & \\ & & \ddots & \ddots & r-s \\ & & & r+s & 1-2r-K\tau \end{bmatrix}$$

(2.20)

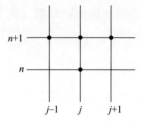

图 2.4 隐式差分格式的节点图

2.3.2 隐式差分格式

隐式差分格式（Implicit Difference Scheme），由于具有精度高且无条件稳定的特点，广泛应用于对流-扩散方程的求解过程中[75]。隐式差分格式的节点图如图 2.4 所示，式(2.11) 中第一个式子的四点隐式差分格式为

$$\frac{c_j^{n+1}-c_j^n}{\tau}-D\frac{c_{j-1}^{n+1}-2c_j^{n+1}+c_{j+1}^{n+1}}{h^2}+v\frac{c_{j+1}^{n+1}-c_{j-1}^{n+1}}{2h}+Kc_j^n=\frac{q_j^n}{n_{\mathrm{e}}}\quad 1\leqslant j\leqslant M,1\leqslant n\leqslant N \tag{2.21}$$

式(2.21) 可变形为

$$(-s-r)c_{j-1}^{n+1}+(1+2r)c_j^{n+1}+(s-r)c_{j+1}^{n+1}=(1-K\tau)c_j^n+\tau\frac{q_j^n}{n_{\mathrm{e}}} \tag{2.22}$$

联合式(2.22) 和式(2.18)，四点隐式差分格式可表示为

$$\boldsymbol{BC}^{n+1}=(1-K\tau)\boldsymbol{C}^n+\tau\boldsymbol{H}^{n+1}+\boldsymbol{P}^{n+1} \tag{2.23}$$

其中

$$\boldsymbol{C}^{n+1}=(c_1^{n+1},c_2^{n+1},\cdots,c_{M-1}^{n+1})'$$

$$\boldsymbol{C}^n=(c_1^n,c_2^n,\cdots,c_{M-1}^n)'$$

$$\boldsymbol{H}^{n+1}=\left(\frac{q_1^{n+1}}{n_{\mathrm{e}}},\frac{q_2^{n+1}}{n_{\mathrm{e}}},\cdots,\frac{q_{M-1}^{n+1}}{n_{\mathrm{e}}}\right)'$$

$$\boldsymbol{P}^{n+1}=[(s+r)c_0^{n+1},0,\cdots,0,(r-s)c_M^{n+1}]'$$

$\boldsymbol{B}$ 为对角元占优的三对角系数矩阵

$$\boldsymbol{B}=\begin{bmatrix} 1+2r & s-r & & & \\ -s-r & 1+2r & s-r & & \\ & -s-r & 1+2r & \ddots & \\ & & \ddots & \ddots & s-r \\ & & & -s-r & 1+2r \end{bmatrix} \tag{2.24}$$

2.3.3 Crank-Nicolson 差分格式

Crank-Nicolson 差分格式是显式与隐式的加权格式，截断误差为 $O(\Delta t^2+\Delta x^2)$，具有二阶精度，因而被广泛地应用于对流-扩散方程的数值求解中[75,114]。Crank-Nicolson 差分格式的节点图如图 2.5 所示，方程组 (2.11) 中第一个式子的 Crank-Nicolson 差分格式为

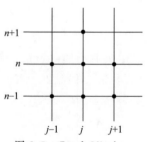

图 2.5 Crank-Nicolson 差分格式的节点图

$$\frac{c_j^{n+1}-c_j^n}{\tau}+\frac{v}{2}\left(\frac{c_{j+1}^{n+1}-c_{j-1}^{n+1}}{2h}+\frac{c_{j+1}^n-c_{j-1}^n}{2h}\right)-$$

$$\frac{D}{2}\left(\frac{c_{j+1}^{n+1}-2c_j^{n+1}+c_{j-1}^{n+1}}{h^2}+\frac{c_{j+1}^n-2c_j^n+c_{j-1}^n}{h^2}\right)+Kc_j^n=\frac{q_j^n}{n_{\mathrm{e}}} \qquad (2.25)$$

经过化简，式(2.25) 可转化为

$$(s-r)c_{j+1}^{n+1}+(2+2r)c_j^{n+1}-(s+r)c_{j-1}^{n+1}=(r-s)c_{j+1}^n+(2-2r-2K\tau)c_j^n+(r+s)c_{j-1}^n+\frac{2\tau q_j^n}{n_{\mathrm{e}}}$$

$$(2.26)$$

结合初边界条件，式(2.26) 的矩阵表达式为

$$\boldsymbol{L}\boldsymbol{C}^{n+1}+\boldsymbol{W}^{n+1}=\boldsymbol{U}\boldsymbol{C}^n+\boldsymbol{Z}^n+2\tau\boldsymbol{H}^{n+1},n=1,2,\cdots,N \qquad (2.27)$$

其中

$$\boldsymbol{C}^{n+1}=(c_1^{n+1},c_2^{n+1},\cdots,c_{M-1}^{n+1})'$$

$$\boldsymbol{C}^n=(c_1^n,c_2^n,\cdots,c_{M-1}^n)'$$

$$\boldsymbol{Z}^n=\left[(s+r)c_0^n,0,\cdots,0,(r-s)c_M^n\right]'$$

$$\boldsymbol{W}^{n+1}=\left[-(s+r)c_0^{n+1},0,\cdots,0,(r-s)c_M^{n+1}\right]'$$

$$\boldsymbol{H}^{n+1}=\left(\frac{q_1^{n+1}}{n_{\mathrm{e}}},\frac{q_2^{n+1}}{n_{\mathrm{e}}},\cdots,\frac{q_{M-1}^{n+1}}{n_{\mathrm{e}}}\right)'$$

$\boldsymbol{L}$ 和 $\boldsymbol{U}$ 是典型的对角元占优的三对角矩阵

$$\boldsymbol{L}=\begin{bmatrix} 2+2r & s-r & & & \\ -s-r & 2+2r & s-r & & \\ & -s-r & 2+2r & \ddots & \\ & & \ddots & \ddots & s-r \\ & & & -s-r & 2+2r \end{bmatrix} \qquad (2.28)$$

$$\boldsymbol{U}=\begin{bmatrix} 2-2r-2K\tau & r-s & & & \\ s+r & 2-2r-2K\tau & r-s & & \\ & s+r & 2-2r-2K\tau & \ddots & \\ & & \ddots & \ddots & r-s \\ & & & s+r & 2-2r-2K\tau \end{bmatrix} \qquad (2.29)$$

2.3.4　三种差分格式的稳定性

稳定性是检验差分格式是否能用的重要指标[22]。由于有限差分法（FDM）的求解是按照步进方式推进的，在推进过程中，不可避免地存在截断误差，而且误差也在逐步积累。如何减少误差，保证数值计算的稳定性，是应用有限差分法（FDM）离散方程的首要问题。能量不等式讨论差分格式的稳定性是从稳定性的

定义出发，通过一系列的估计式来完成的，因此能量不等式方法是研究差分格式稳定性的强有力工具[75,114]。下面应用能量不等式证明这三种差分格式的稳定性。

（1）显式差分格式的稳定性

设 $u = \{u_j^n \mid 0 \leqslant j \leqslant M, 0 \leqslant n \leqslant N\}$ 是差分方程组（2.30）的解

$$\begin{cases} \dfrac{u_j^{n+1} - u_j^n}{\tau} + v\dfrac{u_{j+1}^n - u_{j-1}^n}{2h} - D\dfrac{u_{j-1}^n - 2u_j^n + u_{j+1}^n}{h^2} + Ku_j^n = \dfrac{q_j^n}{n_e} & 1 \leqslant j \leqslant M-1, 0 \leqslant n \leqslant N-1, \\ u_j^0 = \phi(x_j) & 0 \leqslant j \leqslant M, \\ u_0^n = f_1(t_n) & 1 \leqslant n \leqslant N, \\ u_M^n = f_2(t_n) & 1 \leqslant n \leqslant N. \end{cases}$$

$$(2.30)$$

对流-扩散方程的显式差分格式（2.17）中设

$$1 - 2r - K\tau \geqslant 0$$
$$r - s \geqslant 0 \tag{2.31}$$

对于 $1 \leqslant j \leqslant M-1$, $0 \leqslant n \leqslant N-1$, 则有下面不等式成立，

$$|u_j^{n+1}| \leqslant (r+s)\|u^n\|_\infty + (1-2r-K\tau)\|u^n\|_\infty + (r-s)\|u^n\|_\infty + \tau\left\|\dfrac{q^l}{n_e}\right\|_\infty$$

$$= (1-K\tau)\|u^n\|_\infty + \tau\left\|\dfrac{q^l}{n_e}\right\|_\infty \tag{2.32}$$

其中 $\|u^n\|_\infty = \max\limits_{0 \leqslant j \leqslant M}|u_j^n|$, $\left\|\dfrac{q^l}{n_e}\right\|_\infty = \max\limits_{1 \leqslant j \leqslant M-1}\left|\dfrac{q_j^l}{n_e}\right|$, 因此有

$$\|u^{n+1}\|_\infty \leqslant (1-K\tau)\|u^n\|_\infty + \tau\left\|\dfrac{q^l}{n_e}\right\|_\infty \qquad 0 \leqslant n \leqslant N-1 \tag{2.33}$$

由于（2.33）对于任意 $0 \leqslant n \leqslant N$ 都成立，因此可得

$$\|u^n\|_\infty \leqslant (1-K\tau)\|\phi\|_\infty + \tau\sum_{l=0}^{n-1}\left\|\dfrac{q^l}{n_e}\right\|_\infty \tag{2.34}$$

设 $c = \{c_j^n \mid 0 \leqslant j \leqslant M, 0 \leqslant n \leqslant N\}$ 是差分方程组式（2.36）的解，考虑存在测量误差时

$$\tilde{q}(x_j, t_n) = q(x_j, t_n) + g(x_j, t_n)$$
$$\tilde{\phi}(x_j) = \phi(x_j) + \psi(x_j)$$
$$\tilde{f}_1(t_n) = f_1(t_n) + \zeta(t_n) \tag{2.35}$$
$$\tilde{f}_2(t_n) = f_2(t_n) + \xi(t_n)$$

式中　$\tilde{q}$, $\tilde{\phi}$, $\tilde{f}_1$, $\tilde{f}_2$——误差函数；

　　　q, ϕ, f_1, f_2——精确函数；

　　　g、ψ、ζ、ξ——噪声扰动。

于是可得

$$\begin{cases} \dfrac{c_j^{n+1}-c_j^n}{\tau}+v\,\dfrac{c_{j+1}^n-c_{j-1}^n}{2h}-D\,\dfrac{c_{j-1}^n-2c_j^n+c_{j+1}^n}{h^2}+Kc_j^n=\dfrac{q_j^n+g_j^n}{n_{\mathrm e}} & 1\leqslant j\leqslant M-1,0\leqslant n\leqslant N-1 \\[2mm] c_j^0=\phi(x_j)+\psi(x_j) & 0\leqslant j\leqslant M \\[2mm] c_0^n=f_1(t_n)+\zeta(t_n) & 1\leqslant n\leqslant N \\[2mm] c_M^n=f_2(t_n)+\xi(t_n) & 1\leqslant n\leqslant N \end{cases}$$

$$(2.36)$$

令 $\varepsilon_j^n=c_j^n-u_j^n$，$0\leqslant j\leqslant M$，$0\leqslant n\leqslant N$，方程组（2.36）减去方程，可得摄动方程

$$\begin{cases} \dfrac{\varepsilon_j^{n+1}-\varepsilon_j^n}{\tau}+v\,\dfrac{\varepsilon_{j+1}^n-\varepsilon_{j-1}^n}{2h}-D\,\dfrac{\varepsilon_{j-1}^n-2\varepsilon_j^n+\varepsilon_{j+1}^n}{h^2}+K\varepsilon_j^n=\dfrac{g_j^n}{n_{\mathrm e}} & 1\leqslant j\leqslant M-1,0\leqslant n\leqslant N-1 \\[2mm] \varepsilon_j^0=\psi(x_j) & 0\leqslant j\leqslant M \\[2mm] \varepsilon_0^n=\zeta(t_n) & 1\leqslant n\leqslant N \\[2mm] \varepsilon_M^n=\xi(t_n) & 1\leqslant n\leqslant N \end{cases}$$

$$(2.37)$$

根据上述的证明，当 $1-2r-K\tau\geqslant0$，$r-s\geqslant0$ 时，有式（2.38）成立

$$\|\varepsilon^n\|_\infty\leqslant(1-K\tau)\|\psi\|_\infty+\tau\sum_{l=0}^{n-1}\left\|\frac{g^l}{n_{\mathrm e}}\right\|_\infty \qquad (2.38)$$

当 $\|\psi\|_\infty$ 和 $\tau\sum\limits_{l=0}^{n-1}\left\|\dfrac{g^l}{n_{\mathrm e}}\right\|_\infty$ 很小时，误差 $\|\varepsilon^n\|_\infty$ 也很小。

当 $1-2r-K\tau\geqslant0$，$r-s\geqslant0$，差分格式（2.16）是稳定的，因此显格式的差分格式是条件稳定的。

（2）隐式差分格式的稳定性

设 $u=\{u_j^n\,|\,0\leqslant j\leqslant M,\ 0\leqslant n\leqslant N\}$ 是差分方程组（2.39）的解

$$\begin{cases} \dfrac{u_j^{n+1}-u_j^n}{\tau}+v\,\dfrac{u_{j+1}^{n+1}-u_{j-1}^{n+1}}{2h}-D\,\dfrac{u_{j-1}^{n+1}-2u_j^{n+1}+u_{j+1}^{n+1}}{h^2}+Ku_j^n=\dfrac{q_j^n}{n_{\mathrm e}} & 1\leqslant j\leqslant M-1,0\leqslant n\leqslant N-1 \\[2mm] u_j^0=\phi(x_j) & 0\leqslant j\leqslant M \\[2mm] u_0^n=f_1(t_n) & 1\leqslant n\leqslant N \\[2mm] u_M^n=f_2(t_n) & 1\leqslant n\leqslant N \end{cases}$$

$$(2.39)$$

对于 $1\leqslant j\leqslant M-1$，$0\leqslant n\leqslant N-1$，则有下面不等式成立

$$(-s-r)|u_j^{n+1}|+(1+2r)|u_j^{n+1}|+(s-r)|u_j^{n+1}|\leqslant(1-K\tau)\|u^n\|_\infty+\tau\left\|\frac{q^l}{n_{\mathrm e}}\right\|_\infty$$

$$(2.40)$$

$$|u_j^{n+1}|\leqslant(1-K\tau)\|u^n\|_\infty+\tau\left\|\frac{q^l}{n_e}\right\|_\infty \tag{2.41}$$

其中 $\|u^n\|_\infty=\max\limits_{0\leqslant j\leqslant M}|u_j^n|$，$\left\|\dfrac{q^l}{n_e}\right\|_\infty=\max\limits_{1\leqslant j\leqslant M-1}\left|\dfrac{q_j^l}{n_e}\right|$，因此有

$$\|u^{n+1}\|_\infty\leqslant(1-K\tau)\|u^n\|_\infty+\tau\left\|\frac{q^l}{n_e}\right\|_\infty,\quad 0\leqslant n\leqslant N-1 \tag{2.42}$$

由于不等式（2.42）对于任意 $0\leqslant n\leqslant N$ 都成立，因此可得

$$\|u^n\|_\infty\leqslant(1-K\tau)\|\phi\|_\infty+\tau\sum_{l=0}^{n-1}\left\|\frac{q^l}{n_e}\right\|_\infty \tag{2.43}$$

设 $c=\{c_j^n\,|\,0\leqslant j\leqslant M,\,0\leqslant n\leqslant N\}$ 是差分方程（2.45）的解，考虑存在测量误差时

$$
\begin{aligned}
\tilde{q}(x_j,t_n)&=q(x_j,t_n)+g(x_j,t_n)\\
\tilde{\phi}(x_j)&=\phi(x_j)+\psi(x_j)\\
\tilde{f}_1(t_n)&=f_1(t_n)+\zeta(t_n)\\
\tilde{f}_2(t_n)&=f_2(t_n)+\xi(t_n)
\end{aligned} \tag{2.44}
$$

式中　$\tilde{q}$，$\tilde{\phi}$，$\tilde{f}_1$，$\tilde{f}_2$——误差函数；

　　　　q，ϕ，f_1，f_2——精确函数；

　　　　g，ψ，ζ，ξ——噪声扰动。

于是可得

$$
\begin{cases}
\dfrac{c_j^{n+1}-c_j^n}{\tau}+v\dfrac{c_{j+1}^{n+1}-c_{j-1}^{n+1}}{2h}-D\dfrac{c_{j-1}^{n+1}-2c_j^{n+1}+c_{j+1}^{n+1}}{h^2}+Kc_j^n=\dfrac{q_j^n+g_j^n}{n_e} & 1\leqslant j\leqslant M-1,0\leqslant n\leqslant N-1\\[2mm]
c_j^0=\phi(x_j)+\psi(x_j) & 0\leqslant j\leqslant M\\[2mm]
c_0^n=f_1(t_n)+\zeta(t_n) & 1\leqslant n\leqslant N\\[2mm]
c_M^n=f_2(t_n)+\xi(t_n) & 1\leqslant n\leqslant N
\end{cases}
$$
$$\tag{2.45}$$

令

$$\varepsilon_j^n=c_j^n-u_j^n\quad 0\leqslant j\leqslant M,0\leqslant n\leqslant N$$

方程组（2.45）减去方程组（2.39）可得摄动方程

$$
\begin{cases}
\dfrac{\varepsilon_j^{n+1}-\varepsilon_j^n}{\tau}+v\dfrac{\varepsilon_{j+1}^{n+1}-\varepsilon_{j-1}^{n+1}}{2h}-D\dfrac{\varepsilon_{j-1}^{n+1}-2\varepsilon_j^{n+1}+\varepsilon_{j+1}^{n+1}}{h^2}+K\varepsilon_j^n=\dfrac{g_j^n}{n_e} & 1\leqslant j\leqslant M-1,0\leqslant n\leqslant N-1\\[2mm]
\varepsilon_j^0=\psi(x_j) & 0\leqslant j\leqslant M\\[2mm]
\varepsilon_0^n=\zeta(t_n) & 1\leqslant n\leqslant N\\[2mm]
\varepsilon_M^n=\xi(t_n) & 1\leqslant n\leqslant N
\end{cases}
$$
$$\tag{2.46}$$

由上述的证明可得

$$\|\varepsilon^n\|_\infty \leqslant (1-K\tau)\|\psi\|_\infty + \tau \sum_{l=0}^{n-1}\left\|\frac{g^l}{n_e}\right\|_\infty \tag{2.47}$$

当 $\|\psi\|_\infty$ 和 $\tau\sum\limits_{l=0}^{n-1}\left\|\dfrac{g^l}{n_e}\right\|_\infty$ 很小时，误差 $\|\varepsilon^n\|_\infty$ 也很小。

由此，对流-扩散方程的隐式差分格式(2.22)是无条件稳定的，稳定性证毕。

（3）Crank-Nicolson 差分格式的稳定性

Crank-Nicolson 差分格式属于隐式差分格式，下面应用能量不等式证明其稳定性[114,123]。设 $u=\{u_j^n \,|\, 0 \leqslant j \leqslant M,\ 0 \leqslant n \leqslant N\}$ 是方程（2.47）的解，则得到下面的不等式

$$\begin{cases} \dfrac{u_j^{n+1}-u_j^n}{\tau}+\dfrac{v}{2}\left(\dfrac{u_{j+1}^{n+1}-u_{j-1}^{n+1}}{2h}+\dfrac{u_{j+1}^n-u_{j-1}^n}{2h}\right)-\dfrac{D}{2}\left(\dfrac{u_{j+1}^{n+1}-2u_j^{n+1}+u_{j-1}^{n+1}}{h^2}+\dfrac{u_{j+1}^n-2u_j^n+u_{j-1}^n}{h^2}\right)+Ku_j^n=\dfrac{q_j^n}{n_e} \\ u_j^0=\phi(x_j) \qquad 0 \leqslant j \leqslant M \\ u_0^n=f_1(t_n) \qquad 1 \leqslant n \leqslant N \\ u_M^n=f_2(t_n) \qquad 1 \leqslant n \leqslant N \end{cases}$$
$$\tag{2.48}$$

对于 $1 \leqslant j \leqslant M-1$，$0 \leqslant n \leqslant N-1$，方程组（2.48）中的第一个式子可变形为

$$(s-r)u_{j+1}^{n+1}+(2+2r)u_j^{n+1}-(s+r)u_{j-1}^{n+1}$$

$$=(r-s)u_{j+1}^n+(2-2r-2K\tau)u_j^n+(r+s)u_{j-1}^n+\dfrac{2\tau q_j^n}{n_e} \tag{2.49}$$

$$(s-r)|u_{j+1}^{n+1}|+(2+2r)|u_j^{n+1}|-(r+s)|u_{j-1}^{n+1}| \leqslant (r-s)\|u^n\|_\infty +$$

$$(2-2r)\|u^n\|_\infty+(r+s)\|u^n\|_\infty+2\tau\left\|\dfrac{q^l}{n_e}\right\| \tag{2.50}$$

式(2.50)化简为

$$|u_j^{n+1}| \leqslant \|u^n\|_\infty + \tau\left\|\dfrac{q^l}{n_e}\right\| \tag{2.51}$$

$|u_j^{n+1}|$ 和 $\|u^{n+1}\|_\infty$ 和分别表示 u 上的半范数和无穷范数。

不失一般性，当 $j=j$ 时，u_i^{n+1} 达到最大值，即 $\|u^{n+1}\|_\infty=u_{j+1}^{n+1}|_{j=j}$。

$$|u_{j=j}^{n+1}|=\|u^{n+1}\|_\infty \leqslant \|u^n\|_\infty+\tau\left\|\dfrac{q^l}{n_e}\right\| \tag{2.52}$$

当 $0 \leqslant j \leqslant M-1$ 则有

$$\|u^{n+1}\|_\infty \leqslant \|u^n\|_\infty+\tau\left\|\dfrac{q^l}{n_e}\right\| \tag{2.53}$$

式(2.53)对于任意的 $0 \leqslant j \leqslant M$ 得

$$\|u^n\|_\infty \leqslant \|\phi\|_\infty + \tau \sum_{l=0}^{n-1} \left\|\frac{q^l}{n_e}\right\|_\infty \tag{2.54}$$

考虑误差影响，$\tilde{q}(x_j, t_n) = q(x_j, t_n) + g(x_j, t_n)$，$\tilde{f}_1(t_n) = f_1(t_n) + \zeta(t_n)$，$\tilde{\phi}(x_j) = \phi(x_j) + \psi(x_j)$，$\tilde{f}_2(t_n) = f_2(t_n) + \xi(t_n)$ 设 $c = \{c_j^n \,|\, 0 \leqslant j \leqslant M,\ 0 \leqslant n \leqslant N\}$ 是方程组（2.55）的解，则

$$\begin{cases} \dfrac{c_j^{n+1}-c_j^n}{\tau} + \dfrac{v}{2}\left(\dfrac{c_{j+1}^{n+1}-c_{j-1}^{n+1}}{2h} + \dfrac{c_{j+1}^n-c_{j-1}^n}{2h}\right) - \dfrac{D}{2}\left(\dfrac{c_{j+1}^{n+1}-2c_j^{n+1}+c_{j-1}^{n+1}}{h^2} + \dfrac{c_{j+1}^n-2c_j^n+c_{j-1}^n}{h^2}\right) + Kc_j^n = \dfrac{q_j^n+g_j^n}{n_e} \\ c_j^0 = \phi(x_j) + \psi(x_j) \qquad 0 \leqslant j \leqslant M \\ c_0^n = f_1(t_n) + \zeta(t_n) \qquad 1 \leqslant n \leqslant N \\ c_M^n = f_2(t_n) + \xi(t_n) \qquad 1 \leqslant n \leqslant N \end{cases} \tag{2.55}$$

令 $\varepsilon_j^n = u_j^n - c_j^n$ 为误差函数，方程组（2.55）减去方程组（2.48）得

$$\begin{cases} \dfrac{\varepsilon_j^{n+1}-\varepsilon_j^n}{\tau} + \dfrac{v}{2}\left(\dfrac{\varepsilon_{j+1}^{n+1}-\varepsilon_{j-1}^{n+1}}{2h} + \dfrac{\varepsilon_{j+1}^n-\varepsilon_{j-1}^n}{2h}\right) - \dfrac{D}{2}\left(\dfrac{\varepsilon_{j+1}^{n+1}-2\varepsilon_j^{n+1}+\varepsilon_{j-1}^{n+1}}{h^2} + \dfrac{\varepsilon_{j+1}^n-2\varepsilon_j^n+\varepsilon_{j-1}^n}{h^2}\right) + K\varepsilon_j^n = \dfrac{g_j^n}{n_e} \\ \varepsilon_0^n = \psi_j^n \qquad 0 \leqslant j \leqslant M \\ c_0^n = \zeta(t_n) \quad 1 \leqslant n \leqslant N \\ c_M^n = \xi(t_n) \quad 1 \leqslant n \leqslant N \end{cases} \tag{2.56}$$

基于上述稳定性的证明，同理有

$$\|\varepsilon^n\|_\infty \leqslant \|\psi\|_\infty + \tau \sum_{l=0}^{n-1} \left\|\frac{q^l}{n_e}\right\|_\infty, \qquad 0 \leqslant j \leqslant M \tag{2.57}$$

当 $\|\psi\|_\infty$ 和 $\tau \sum_{l=0}^{n-1} \left\|\dfrac{q^l}{n_e}\right\|_\infty$ 很小时，误差 $\|\varepsilon^n\|_\infty$ 也很小。到此，Crank-Nicolson 差分格式是无条件稳定的，已经证毕。

2.4 验证

本小节应用两个正问题检验差分格式的正确性。

2.4.1 纯扩散方程的数值解

一维地下水污染物迁移输运过程中，设污染物的扩散系数 $D = 0.5\text{km}^2/\text{h}$，计算区域 $\Omega = [0, 40]\text{km} \times [0, 10]\text{h}$，空间步长和时间步长分别为 $h = 1\text{km}$，$\tau = 0.2\text{h}$，边界条件为 $f_1(t) = 2\text{mg/L}$，图 2.6、图 2.7 为污染物浓度的时空分布。从图中可以看出，数值解较好地展示了污染物的时空分布，为后续反问题的求解打下坚实的基础。

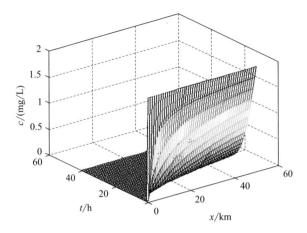

图 2.6 纯扩散方程污染物浓度的时空分布

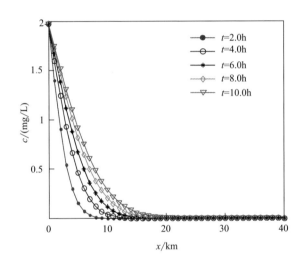

图 2.7 不同时刻污染物浓度分布

2.4.2 对流-扩散方程的数值解

一维地下水污染物迁移输运过程中，计算长度为 20km，计算时长为 2h，离散的空间步长为 1km，时间步长为 0.04h。污染物浓度的边界值 $c_0 = 1\text{mg/L}$，流速 $v = 0.01\text{km/h}$，扩散系数 $D = 0.25\text{km}^2/\text{h}$，污染物的一级降解速率为 $K = 0.015\text{h}^{-1}$，此种离散情况下，$Pe = 0.04$，属于非对流占优问题。应用隐式差分格式与 Crank-Nicolson 格式计算污染物浓度分布见图 2.8、图 2.9。

从图 2.8、图 2.9 中可以看出，采用隐式差分格式计算的污染物浓度分布与 Crank-Nicolson 格式计算的结果基本一致。为了便于提高编程效率，对于一维污染

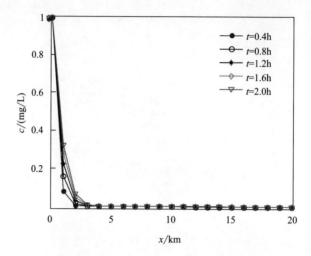

图 2.8　隐式差分格式计算的不同时刻污染物浓度分布

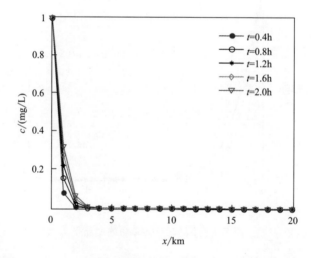

图 2.9　Crank-Nicolson 格式计算的不同时刻污染物浓度分布

物迁移输运方程主要采用隐式差分格式求解正问题。

2.5　环境水力学污染物二维迁移输运方程的有限差分法

对于地下水污染模型或一些大型河流，往往需要考虑两个方向上的扩散情况，因此，研究二维的环境水力学反问题具有重要的实际意义。

沿 x 方向和 y 方向污染物迁移输运过程符合二维对流-扩散偏微分方程为

$$\begin{cases} \dfrac{\partial c(x,y,t)}{\partial t}+v_x\dfrac{\partial c(x,y,t)}{\partial x}+v_y\dfrac{\partial c(x,y,t)}{\partial y}=D_x\dfrac{\partial^2 c(x,y,t)}{\partial x^2}+D_y\dfrac{\partial^2 c(x,y,t)}{\partial y^2}+q(x,y,t) \\ \qquad\qquad\qquad\qquad\qquad\qquad\qquad (x,y)\in\Omega,t\in[0,T] \\ c(x,y,0)=\phi(x,y) \qquad\qquad\qquad (x,y)\in\overline{\Omega} \\ c(x,y,t)=f(x,y,t) \qquad\qquad\quad\ (x,y)\in\Gamma,t\in[0,T] \end{cases}$$

$$(2.58)$$

式中　v_x，v_y——x 和 y 方向的流速，m/s；

$\qquad$ D_x，D_y——x 和 y 方向的弥散系数，m²/s；

$\qquad\quad$ Ω——研究区域，$\Omega=[0,L]\times[0,L]$；

$\qquad\quad$ Γ——Ω 的边界；

$\qquad$ $\phi(x,y)$——初值函数，mg/L；

$f(x,y,t)$——边值条件，mg/L，当 $(x,y)\in\Gamma$ 时有 $f(x,y,0)=\phi(x,y)$。

方程（2.58）相应的稳态模型为

$$\begin{cases} v_x\dfrac{\partial c(x,y,t)}{\partial x}+v_y\dfrac{\partial c(x,y,t)}{\partial y}=D_x\dfrac{\partial^2 c(x,y,t)}{\partial x^2}+D_y\dfrac{\partial^2 c(x,y,t)}{\partial y^2}+q(x,y,t) \\ \qquad\qquad\qquad\qquad\qquad\qquad\qquad (x,y)\in\Omega,t\in[0,T] \\ c(x,y,0)=\phi(x,y) \qquad\qquad\qquad (x,y)\in\overline{\Omega} \\ c(x,y,t)=f(x,y,t) \qquad\qquad\quad\ (x,y)\in\Gamma,t\in[0,T] \end{cases}$$

$$(2.59)$$

若忽略污染源项，污染物按一级反应动力学降解，则方程（2.58）可简写为

$$v_x\frac{\partial c}{\partial x}+v_y\frac{\partial c}{\partial y}=D_x\frac{\partial^2 c}{\partial x^2}+D_y\frac{\partial^2 c}{\partial y^2}+Kc \qquad\qquad (2.60)$$

2.5.1　ADI 交替方向隐格式离散二维对流-扩散方程

一维对流-扩散方程不管是采用条件稳定的显格式，还是采用无条件稳定的隐格式或 Crank-Nicolson 格式离散，在 Peclet 数允许的条件下，都可以应用追赶法计算，并且计算量较小[124]。然而，对于二维对流-扩散方程，显格式的稳定条件会更加苛刻；虽然隐格式和 Crank-Nicolson 格式是绝对稳定的，但每一时间层上的差分方程都是一个大型的方程组，而且不是三对角元占优的线性方程，计算量非常大[114]。由 Peaceman 和 Rachford[125]提出的 ADI 交替方向隐格式，实际上是一种无条件稳定的隐格式。针对多维抛物性问题，ADI 具有更简明的计算公式和更高的计算效率。因此，本章拟采用 ADI 交替方向隐格式[126,127]离散二维对流-扩散方程。

设空间步长 $h=L/m$，时间步长 $\tau=T/n$，其中 m、n 为正整数。记 $x_i=ih$，$y_j=jh$，i，$j=0$，1，2，$\cdots$，m，$t_k=k\tau$，$k=0$，1，2，$\cdots$，n，假设节点 (x_i,y_j,t_k) 处 $c_{i,j}^n$ 是差分方程的解，ADI 交替方向隐格式节点图见图 2.10 所示。

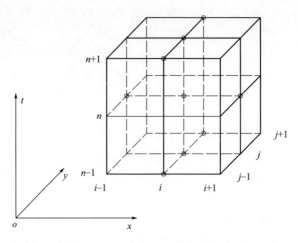

图 2.10 ADI 交替方向隐格式节点图

根据数值微分公式，对于式（2.58），首先，n 层 → $n+\dfrac{1}{2}$ 层，$\dfrac{\partial c}{\partial x}$、$\dfrac{\partial^2 c}{\partial x^2}$ 用第 $n+\dfrac{1}{2}$ 层上的差商来代替，而 $\dfrac{\partial c}{\partial y}$、$\dfrac{\partial^2 c}{\partial y^2}$ 用第 n 层上的差商来代替

$$\frac{\partial c}{\partial t}\bigg|_{i,j}^{n} \approx \frac{c_{i,j}^{n+1/2}-c_{i,j}^{n}}{\tau/2}$$

$$\frac{\partial c}{\partial x}\bigg|_{i,j}^{n+\frac{1}{2}} \approx \frac{c_{i+1,j}^{n+\frac{1}{2}}-c_{i-1,j}^{n+\frac{1}{2}}}{2h}$$

$$\frac{\partial c}{\partial y}\bigg|_{i,j}^{n} \approx \frac{c_{i,j+1}^{n}-c_{i,j-1}^{n}}{2h} \tag{2.61}$$

$$\frac{\partial^2 c}{\partial x^2}\bigg|_{i,j}^{n+\frac{1}{2}} \approx \frac{1}{h^2}(c_{i+1,j}^{n+\frac{1}{2}}-2c_{i,j}^{n+\frac{1}{2}}+c_{i-1,j}^{n+\frac{1}{2}})$$

$$\frac{\partial^2 c}{\partial y^2}\bigg|_{i,j}^{n} \approx \frac{1}{h^2}(c_{i,j+1}^{n}-2c_{i,j}^{n}+c_{i,j-1}^{n})$$

将式（2.61）代入式（2.58），设 $r_2=\dfrac{\tau}{4h}$，$s_2=\dfrac{\tau}{2h^2}$，可得 x 方向的 ADI 格式

$$(v_x r_2-D_x s_2)c_{i+1,j}^{n+\frac{1}{2}}+(1+2D_x s_2)c_{i,j}^{n+\frac{1}{2}}-(v_x r_2+D_x s_2)c_{i-1,j}^{n+\frac{1}{2}}$$

$$=(-v_y r_2+D_y s_2)c_{i,j+1}^{n}+(1-2D_y s_2)c_{i,j}^{n}+(v_y r_2+D_y s_2)c_{i,j-1}^{n}+\frac{\tau}{2}q_{i,j}^{n+\frac{1}{2}} \tag{2.62}$$

可得 x 方向线性方程组为

$$\boldsymbol{A}_1\boldsymbol{C}^{n+\frac{1}{2}}+\boldsymbol{A}_2=\boldsymbol{B}_1\boldsymbol{C}^{n}+\boldsymbol{B}_2+\frac{\tau}{2}q_{i,j}^{n+\frac{1}{2}} \tag{2.63}$$

其中

$$C^{n+\frac{1}{2}} = (c_{1,j}^{n+\frac{1}{2}}, c_{2,j}^{n+\frac{1}{2}}, \cdots, c_{m-1,j}^{n+\frac{1}{2}})'$$

$$C^{n} = (c_{i,1}^{n}, c_{i,2}^{n}, \cdots, c_{i,m-1}^{n})'$$

$\boldsymbol{A}_1$ 和 $\boldsymbol{B}_1$ 为主对角元占优的三对角矩阵

$$\boldsymbol{A}_2 = [(v_x r_2 + D_x s_2) c_{0,j}^{n+\frac{1}{2}}, 0, \cdots, 0, (D_x s_2 - v_x r_2) c_{m,j}^{n+\frac{1}{2}}]' \tag{2.64}$$

$$\boldsymbol{A}_1 = \begin{bmatrix} 1+2D_x s_2 & v_x r_2 - D_x s_2 & & & \\ -v_x r_2 - D_x s_2 & 1+2D_x s_2 & v_x r_2 - D_x s_2 & & \\ & -v_x r_2 - D_x s_2 & 1+2D_x s_2 & \ddots & \\ & & \ddots & \ddots & v_x r_2 - D_x s_2 \\ & & & -v_x r_2 - D_x s_2 & 1+2D_x s_2 \end{bmatrix} \tag{2.65}$$

$$\boldsymbol{B}_1 = \begin{bmatrix} 1-2D_y s_2 & D_y s_2 - v_y r_2 & & & \\ v_y r_2 + D_y s_2 & 1-2D_y s_2 & D_y s_2 - v_y r_2 & & \\ & v_y r_2 + D_y s_2 & 1-2D_y s_2 & \ddots & \\ & & \ddots & \ddots & D_y s_2 - v_y r_2 \\ & & & v_y r_2 + D_y s_2 & 1-2D_y s_2 \end{bmatrix} \tag{2.66}$$

$$\boldsymbol{B}_2 = [-(v_y r_2 + D_y s_2) c_{i,0}^{n}, 0, \cdots, 0, (v_y r_2 - D_y s_2) c_{i,m}^{n}]' \tag{2.67}$$

结合初边界条件，应用追赶法求解式（2.63），得到式（2.63）在第 $n+\frac{1}{2}$ 层的解。

其次，$n+\frac{1}{2}$ 层 $\rightarrow n+1$ 层，$\dfrac{\partial c}{\partial x}$、$\dfrac{\partial^2 c}{\partial x^2}$ 用第 $n+\frac{1}{2}$ 层上的差商来代替，而 $\dfrac{\partial c}{\partial y}$、$\dfrac{\partial^2 c}{\partial y^2}$ 用第 $n+1$ 层上的差商来代替，

$$\begin{aligned} \frac{\partial c}{\partial t}\Big|_{i,j}^{n+1} &\approx \frac{c_{i,j}^{n+1} - c_{i,j}^{n+\frac{1}{2}}}{\tau/2} \\[2mm] \frac{\partial c}{\partial x}\Big|_{i,j}^{n+\frac{1}{2}} &\approx \frac{c_{i+1,j}^{n+\frac{1}{2}} - c_{i-1,j}^{n+\frac{1}{2}}}{2h} \\[2mm] \frac{\partial c}{\partial y}\Big|_{i,j}^{n+1} &\approx \frac{c_{i,j+1}^{n+1} - c_{i,j-1}^{n+1}}{2h} \\[2mm] \frac{\partial^2 c}{\partial x^2}\Big|_{i,j}^{n+\frac{1}{2}} &\approx \frac{1}{h^2}(c_{i+1,j}^{n+\frac{1}{2}} - 2c_{i,j}^{n+\frac{1}{2}} + c_{i-1,j}^{n+\frac{1}{2}}) \\[2mm] \frac{\partial^2 c}{\partial y^2}\Big|_{i,j}^{n+1} &\approx \frac{1}{h^2}(c_{i,j+1}^{n+1} - 2c_{i,j}^{n+1} + c_{i,j-1}^{n+1}) \end{aligned} \tag{2.68}$$

将式(2.68) 代入方程 (2.58)，可得 y 方向的 ADI 格式，

$$(v_y r_2 - D_y s_2)c_{i,j+1}^{n+1} + (1+2D_y s_2)c_{i,j}^{n+1} - (v_y r_2 + D_y s_2)c_{i,j-1}^{n+1}$$

$$= (D_x s_2 - v_x r_2)c_{i+1,j}^{n+\frac{1}{2}} + (1-2D_x s_2)c_{i,j}^{n+\frac{1}{2}} + (v_x r_2 + D_x s_2)c_{i-1,j}^{n+\frac{1}{2}} + \frac{\tau}{2}q_{i,j}^{n+1} \quad (2.69)$$

则可得 y 方向线性方程组为

$$\boldsymbol{A}_3 \boldsymbol{C}^{n+1} + \boldsymbol{A}_4 = \boldsymbol{B}_3 \boldsymbol{C}^{n+\frac{1}{2}} + \boldsymbol{B}_4 + \frac{\tau}{2}q_{i,j}^{n+1} \quad (2.70)$$

其中

$$\boldsymbol{C}^{n+1} = (c_{i,1}^{n+1}, c_{i,2}^{n+1}, \cdots, c_{i,m-1}^{n+1})'$$

$$\boldsymbol{C}^{n+\frac{1}{2}} = (c_{1,j}^{n+\frac{1}{2}}, c_{2,j}^{n+\frac{1}{2}}, \cdots, c_{m-1,j}^{n+\frac{1}{2}})'$$

$\boldsymbol{A}_3$ 和 $\boldsymbol{B}_3$ 为主对角元占优的矩阵

$$\boldsymbol{A}_3 = \begin{bmatrix} 1+2D_y s_2 & v_y r_2 - D_y s_2 & & & \\ -v_y r_2 - D_y s_2 & 1+2D_y s_2 & v_y r_2 - D_y s_2 & & \\ & -v_y r_2 - D_y s_2 & 1+2D_y s_2 & \ddots & \\ & & \ddots & \ddots & v_y r_2 - D_y s_2 \\ & & & -v_y r_2 - D_y s_2 & 1+2D_y s_2 \end{bmatrix}$$

$$(2.71)$$

$$\boldsymbol{A}_4 = [(v_y r_2 + D_y s_2)c_{i,0}^{n+1}, 0, \cdots, 0, (D_y s_2 - v_y r_2)c_{i,m}^{n+1}]' \quad (2.72)$$

$$\boldsymbol{B}_3 = \begin{bmatrix} 1-2D_x s_2 & D_x s_2 - v_x r_2 & & & \\ v_x r_2 + D_x s_2 & 1-2D_x s_2 & D_x s_2 - v_x r_2 & & \\ & v_x r_2 + D_x s_2 & 1-2D_x s_2 & \ddots & \\ & & \ddots & \ddots & D_x s_2 - v_x r_2 \\ & & & v_x r_2 + D_x s_2 & 1-2D_x s_2 \end{bmatrix} \quad (2.73)$$

$$\boldsymbol{B}_4 = [(-v_x r_2 - D_x s_2)c_{0,j}^{n+\frac{1}{2}}, 0, \cdots, 0, (v_x r_2 - D_x s_2)c_{m,j}^{n+\frac{1}{2}}]' \quad (2.74)$$

结合初边界条件，可以应用追赶法求解上述方程组 (2.70)，从而得到方程组 (2.70) 在第 $n+1$ 层的解。

2.5.2 ADI 交替方向隐格式的稳定性

针对 x 方向的线性方程组 (2.63) 和 y 方向的线性方程组 (2.70) 共同组成了二维对流-扩散偏微分方程的离散格式。下面应用能量不等式[114]来证明 ADI 隐格式的稳定性。

为了便于证明，设 $v_x = v_y = 0$，$D_x = D_y = 1$，则 x 方向的 ADI 格式(2.62) 简化为

$$-s_2 c_{i+1,j}^{n+\frac{1}{2}} + (1+2s_2)c_{i,j}^{n+\frac{1}{2}} - s_2 c_{i-1,j}^{n+\frac{1}{2}} = s_2 c_{i,j+1}^n + (1-2s_2)c_{i,j}^n + s_2 c_{i,j-1}^n + \frac{\tau}{2}q_{i,j}^{n+\frac{1}{2}}$$

$$(2.75)$$

则 y 方向的 ADI 格式(2.69) 简化为

$$-s_2 c_{i,j+1}^{n+1} + (1+2s_2)c_{i,j}^{n+1} - s_2 c_{i,j-1}^{n+1} = s_2 c_{i+1,j}^{n+\frac{1}{2}} + (1-2s_2)c_{i,j}^{n+\frac{1}{2}} + s_2 c_{i-1,j}^{n+\frac{1}{2}} + \frac{\tau}{2}q_{i,j}^{n+1}$$

$$(2.76)$$

为了方便表示，将式(2.75) 和式(2.76) 统一为一个表达式

$$\delta_t c_{i,j}^{k+1/2} - (\delta_x^2 c_{i,j}^{k+1/2} + \delta_y^2 c_{i,j}^{k+1/2}) + s_1^2 \delta_x^2 \delta_y^2 \delta_t c_{i,j}^{k+1/2} = q_{i,j}^{k+1/2} \qquad (2.77)$$

其中

$$c_{i,j}^{k+1/2} = \frac{1}{2}(c_{i,j}^k + c_{i,j}^{k+1})$$

$$\delta_t c_{i,j}^{k+1/2} = \frac{1}{\tau}(c_{i,j}^{k+1} - c_{i,j}^k)$$

$$q_{i,j}^{k+1/2} = q(x_i, y_j, t_{k+\frac{1}{2}})$$

$$\delta_y^2 c_{i,j}^{k+1/2} = \frac{1}{h^2}(c_{i,j+1}^{k+1/2} - 2c_{i,j}^{k+1/2} + c_{i,j-1}^{k+1/2})$$

$$\delta_x^2 c_{i,j}^{k+1/2} = \frac{1}{h^2}(c_{i-1,j}^{k+1/2} - 2c_{i,j}^{k+1/2} + c_{i+1,j}^{k+1/2})$$

设 $\{u_{i,j}^k | 0<i, j \leqslant m, 0<k \leqslant n\}$ 为差分方程组 (2.78) 的解

$$\begin{cases} \delta_t u_{i,j}^{k+1/2} - (\delta_x^2 u_{i,j}^{k+1/2} + \delta_y^2 u_{i,j}^{k+1/2}) + s_2^2 \delta_x^2 \delta_y^2 \delta_t u_{i,j}^{k+1/2} = q_{i,j}^{k+1/2} & 0<i,j \leqslant m-1, \quad 0 \leqslant k \leqslant n-1 \\ u_{i,j}^0 = \phi(x_i, y_j) & 0<i,j \leqslant m-1 \\ u_{i,j}^k = 0 & 0 \leqslant k \leqslant n \end{cases}$$

$$(2.78)$$

其中

$$u_{i,j}^{k+1/2} = \frac{1}{2}(u_{i,j}^k + u_{i,j}^{k+1})$$

$$\delta_y^2 u_{i,j}^{k+1/2} = \frac{1}{h^2}(u_{i,j+1}^{k+1/2} - 2u_{i,j}^{k+1/2} + u_{i,j-1}^{k+1/2})$$

$$\delta_t u_{i,j}^{k+1/2} = \frac{1}{\tau}(u_{i,j}^{k+1} - u_{i,j}^k)$$

$$\delta_x^2 u_{i,j}^{k+1/2} = \frac{1}{h^2}(u_{i-1,j}^{k+1/2} - 2u_{i,j}^{k+1/2} + u_{i+1,j}^{k+1/2})$$

将式(2.77) 中的第一个式子左右两边同乘以 $h^2 \delta_t u_{i,j}^{k+1/2}$，并对 i，j 求和，得

$$h^2 \sum_{i,j=1}^{m-1} (\delta_t u_{i,j}^{k+1/2})^2 - h^2 \sum_{i,j=1}^{m-1} (\delta_x^2 u_{i,j}^{k+1/2} + \delta_y^2 u_{i,j}^{k+1/2}) \delta_t u_{i,j}^{k+1/2}$$

$$+ s_2^2 h^2 \sum_{i,j=1}^{m-1} (\delta_x^2 \delta_y^2 \delta_t u_{i,j}^{k+1/2}) \delta_t u_{i,j}^{k+1/2} = h^2 \sum_{i,j=1}^{m-1} q_{i,j}^{k+1/2} \delta_t u_{i,j}^{k+1/2}, \quad 0 \leqslant k \leqslant n-1 \quad (2.79)$$

注意到式(2.80) 和式(2.81) 成立

$$-h^2 \sum_{i,j=1}^{m-1} (\delta_x^2 u_{i,j}^{k+1/2} + \delta_y^2 u_{i,j}^{k+1/2}) \delta_t u_{i,j}^{k+1/2} = \frac{1}{2s_1}(|u^{k+1}|_1^2 - |u^k|_1^2) \quad (2.80)$$

$$h^2 \sum_{i,j=1}^{m-1} (\delta_x^2 \delta_y^2 \delta_t u_{i,j}^{k+1/2}) \delta_t u_{i,j}^{k+1/2} = h^2 \sum_{i,j=1}^{m-1} (\delta_x \delta_y \delta_t u_{i,j}^{k+1/2})^2 \quad (2.81)$$

则有

$$h^2 \sum_{i,j=1}^{m-1} (\delta_t u_{i,j}^{k+1/2})^2 + \frac{1}{2s_2}(|u^{k+1}|_1^2 - |u^k|_1^2) \leqslant h^2 \sum_{i,j=1}^{m-1} f_{i,j}^{k+1/2} \delta_t u_{i,j}^{k+1/2}$$

$$\leqslant h^2 \sum_{i,j=1}^{m-1} (\delta_t u_{i,j}^{k+1/2})^2 + h^2 \sum_{i,j=1}^{m-1} (q_{i,j}^{k+1/2})^2 \quad (2.82)$$

因此，有式(2.83)成立

$$|u^{k+1}|_1^2 \leqslant |u^k|_1^2 + s_2 \|q^{k+1/2}\|^2 \qquad 0 \leqslant k \leqslant n-1 \quad (2.83)$$

递推可得

$$|u^k|_1^2 \leqslant |u^0|_1^2 + s_2 \sum_{l=0}^{k-1} \|q^{l+1/2}\|^2 \qquad 0 \leqslant k \leqslant n \quad (2.84)$$

到此，ADI 交替方向隐格式的稳定性得以证明。

2.6　二维对流-扩散方程的正问题

本小节应用两个正问题验证 ADI 交替隐格式离散方程的稳定性。

2.6.1　案例 1

控制方程为方程组 (2.85)，该问题的精确解为 $c(x, y, t) = \exp[0.5(x+y)-t]$，本算例引自文献 [114]，图 2.11～图 2.13 为空间步长取 $h = 1/100$，$\tau = 1/100$ 时的精确解、数值解和误差曲面。表 2.1 给出了四个节点的数值结果。

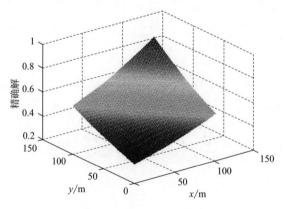

图 2.11　案例 1 的精确解

污染物迁移输运模型参数的识别及应用研究

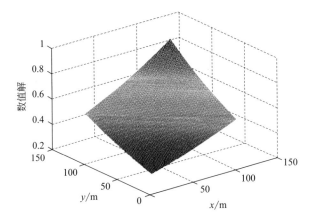

图 2.12　案例 1 的数值解

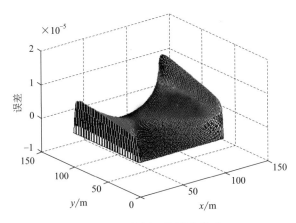

图 2.13　案例 1 的误差曲面

$$\begin{cases} \dfrac{\partial c(x,y,t)}{\partial t} - \left(\dfrac{\partial^2 c(x,y,t)}{\partial x^2} + \dfrac{\partial^2 c(x,y,t)}{\partial y^2} \right) = -\dfrac{3}{2}\exp[0.5(x+y)-t] & 0<x,y<1,0<t\leqslant1 \\ c(x,y,0)=\exp[0.5(x+y)] & 0<x,y<1 \\ c(0,y,t)=\exp(0.5y-t), \quad c(1,y,t)=\exp[0.5(1+y)-t] & 0\leqslant y\leqslant1,0<t\leqslant1 \\ c(x,0,t)=\exp(0.5x-t), \quad c(x,1,t)=\exp[0.5(1+x)-t] & 0\leqslant y\leqslant1,0<t\leqslant1 \end{cases}$$

$$(2.85)$$

表 2.1　四个节点处数值解、精确解和误差的绝对值

(x,y,t)	数值解	精确解	∣精确解—数值解∣
$(0.25,0.25,0.25)$	0.99994	1.0000	6.01×10^{-5}
$(0.25,0.75,0.50)$	0.99996	1.0000	4.34×10^{-5}
$(0.75,0.75,0.50)$	1.28405	1.2840	5.01×10^{-5}
$(0.75,0.75,1.00)$	0.77615	0.77880	2.65×10^{-5}

2.6.2 案例2

计算区域为 $10\text{m} \times 10\text{m}$ 的矩形区域，模型参数 $v_x = v_y = 0$，$D_x = D_y = 10\text{m}^2/\text{s}$，$q(x, y, t) = 2t - 6x - 6y - 4$，数据引自文献 [124]，采用 ADI 交替方向隐格式计算 $[0, 1] \times [0, 1] \times [0, 1]$ 区域的精确解、数值解及误差曲面如图 2.14～图 2.16 所示。

$$\begin{cases} \dfrac{\partial c}{\partial t} + v_x \dfrac{\partial c}{\partial x} + v_y \dfrac{\partial c}{\partial y} - \left(D_x \dfrac{\partial^2 c}{\partial x^2} + D_y \dfrac{\partial^2 c}{\partial y^2} \right) = q(x, y, t) & 0 < x, y < 10, 0 < t \leqslant 5 \\ c(x, y, 0) = 1 + x^2 + y^2 & 0 < x, y < 10 \\ c(0, y, t) = 1 + y^2 + t^2, \quad c(10, y, t) = 2 + y^2 + t^2 & 0 \leqslant y \leqslant 10, 0 < t \leqslant 5 \\ c(x, 0, t) = 1 + x^2 + t^2, \quad c(x, 10, t) = 2 + x^2 + t^2 & 0 \leqslant x \leqslant 10, 0 < t \leqslant 5 \end{cases} \tag{2.86}$$

从上述两算例看，应用 ADI 隐格式求解二维对流-扩散问题精度较高，误差较小，并且计算量较小。

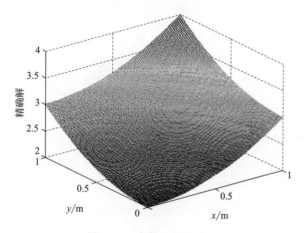

图 2.14　案例2的精确解

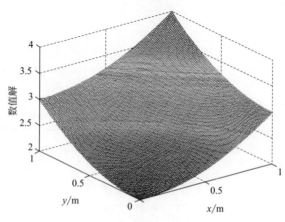

图 2.15　案例2的数值解

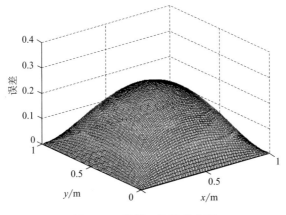

图 2.16　案例 2 的误差曲面

2.7　本章小结

根据质量守恒定律，本章推导了环境水体中污染物迁移扩散的数学模型。针对一维对流-扩散偏微分方程分别建立了显式、隐式以及 Crank-Nicolson 格式差分格式。由于差分格式的稳定性是进行反问题求解的关键，本章采用能量不等式分别证明了显式、隐式和 Crank-Nicolson 差分格式的稳定性。由于环境水力学反问题需要多次调用正问题的解，因此，检验不同差分格式的稳定性至关重要。本章应用两个正问题检验了四点隐式与六点 Crank-Nicolson 格式，数值结果表明两种格式计算的结果基本一致。为了提高编程效率并保证数值稳定性，后续章节主要采用四点隐式差分格式离散污染物迁移输运的对流-扩散偏微分控制方程。

针对地下水污染模型或一些大型河流污染模型，往往是典型的二维对流-扩散模型。对于上述问题的数学模型，应用交替方向隐格式 ADI 离散相应的控制方程，采用能量不等式证明 ADI 交替隐格式的稳定性。两个案例的数值结果表明：应用 ADI 交替隐格式可以得到污染物稳定可靠的信息。对于二维污染物迁移输运模型的数值求解，采用交替方向隐格式 ADI 离散方程，能得到一种精度高、计算速度较快的近似解。

3

Landweber迭代识别一维地下水对流-扩散方程的污染初值

　　随之我国社会经济的快速发展，水资源的供需矛盾日益突出。地下水占我国水资源总量的 1/3，对于供水水源和生态系统有举足轻重的作用。然而据有关报道称，我国有 90％的地下水遭受了不同程度的污染，其中 60％污染严重；有关部门对 118 个城市连续监测数据显示，约有 64％的城市地下水遭受严重污染，33％的地下水受到轻度污染，基本清洁的城市地下水只有 3％，并且地下水污染已呈现出由点到面、由城市到农村扩展的趋势，因此地下水环境污染已经到了极其严重的程度。地下水具有埋藏性和复杂性，其污染问题不如大气污染和地表水污染表现直观突出，不易受到关注。由于地下水污染具有污染过程缓慢、不容易被发现和难以治理的特点[67]，地下水一旦遭到污染，少则几十年，多则上百年才能复原水质。因此研究地下水污染的相关问题迫在眉睫。

　　地下水污染物迁移输运模型已成为环境动力学中重要的研究课题，尤其是一些有机物质、有毒有害物质、重金属的迁移输运过程，符合对流-扩散方程模型[126～130]。关于对流-扩散方程的反问题，已有较多文献研究了许多不同的算法，比如基于马尔科夫链的贝叶斯法 B-MCMC、BBE、遗传算法 GA 和时空全域配点法（Global space-time multi-quadric, GST-MQ）等。Idier[131]应用贝叶斯法 Bayesian Approach 重构了点污染源的位置、释放时间和释放量；Atmadja 等[25]利用改进 Backward Beam Equation 求解了非均质介质中的地下水污染源的释放历程和污染羽流浓度分布问题，并进一步改进 BBE，设计了 Marching-Jury Backward Beam Equation，快速地预测了非齐次对流-扩散方程 ADE 污染峰值大于 5％的位置；Gurarslan 和 Karahan[57]首先利用 MODFLOW 和 MT3DMS 软件对地下水中污染物的运移和流动进行了数值模拟，然后应用微分演化法 DEM 成功解决了两类地下水污染源的释放历程，一类是污染源的位置和数量已知时，另一类是污染源任何信息均不知道。徐波[132]依据生物学的"大量繁殖、竞争生存"的原理细分了竞争群体和适应性群体，进而设计了繁殖因子，改进了传统的遗传算法，并将其应用于抛物型方程的反问题求解中，数值模拟结果表明改进后的遗传算法 GA 求解抛物型反问题较为理想；周康[133]等利用含有测量误差的终值观测浓度数据作为附加条件，应用时空全域配点法 GST-MQ 径向基函数配点法求解恒定水流中二维污染物非恒定对流-扩散初值反问题，数值结果表明 GST-MQ 抵御输入误差能力强，计算精度高，并且稳定性好。

上述的数值方法有一个共同的特点：收敛速度比较快，能够满足工程的要求。然而，由于算法本身存在一些缺陷，比如基于马尔科夫链的贝叶斯法需要首先估计一些参数的先验概率分布，如果这些估计不准确的话，可能会导致较大的误差；如果有一个合理的初值，找到合适的正则化参数，Tikhonov 正则法收敛较快；针对遗传算法反演源项，首先应编制复杂的程序，包括选择、交叉、变异算子，这三个算子又包含交叉概率和变异概率等许多参数，这些参数对于模拟结果有较大的影响。目前来说，这些参数的选择主要依靠经验，如果选择不合适，可能会需要更多的训练样本和训练时间去搜寻最佳的迭代结果。基于应用临近的适定问题去逼近原有的不适定性问题的 Landweber 迭代算法适合于求解非线性不适定性反问题，并且不存在上述问题，本章引用 Landweber 迭代算法重构对流-扩散方程的初值问题。

3.1 初值反问题

对于一维地下水污染迁移输运过程，若忽略污染源项 $\dfrac{q(x,t)}{n_e}$，并假设边值条件均为零，则可建立对流-扩散偏微分方程组（3.1）。

如果方程组（3.1）中的渗流速度 v、污染物的弥散系数 D、污染物的降解速率 K、初值条件 $\phi(x)$ 均已知，方程组（3.1）构成一个适定的正问题，可以通过实验和数值模拟等方法预测污染物时空分布 $c(x,t)$。然而，许多实际情况中，初值条件 $\phi(x)$ 并不能准确地或无法获得，比如突发性地下水污染事件中，管道突然破裂，泄露污染物的信息无法精确地获得。因此，如何确定一组 $<c(x,t)$, $\phi(x)>$ 满足方程组（3.1），即通过已知的参数推测未知的初值条件，则方程组（3.1）转变为一个初值反问题。

$$\begin{cases} \dfrac{\partial c(x,t)}{\partial t} + v\dfrac{\partial c(x,t)}{\partial x} - D\dfrac{\partial^2 c(x,t)}{\partial x^2} + Kc(x,t) = 0 & (x,t) \in \Omega = [0,L] \times [0,T] \\ c(0,t) = 0 & t \in [0,T] \\ c(L,t) = 0 & t \in [0,T] \\ c(x,0) = \phi(x) & x \in [0,L] \end{cases} \quad (3.1)$$

通常环境水力学正问题是一类适定问题（Well-Posed Problem）[112,134,135]，适定问题必须同时满足存在性、唯一性及稳定性三个条件。存在性是指对于所给数据，问题的解存在；唯一性是对于所有的数据，解是唯一的；稳定性是问题的解都连续依赖于所给的数据，即附加数据带有的微小误差却不会导致所求的参数产生较大的误差。

若存在性、唯一性和稳定性中至少有一个条件不满足，称之为不适定问题（Ill-posed problem）。大多数反问题通常是不适定的，可能不存在解或解不唯一或是解不连续依赖于定解条件，导致很长时期内科研工作者认为研究反问题是没有实际意义的[135]。然而随着科学技术的迅速发展，传热、地球物理、材料及环境等实际应用领域逐渐提出了不适定性问题，逐渐扭转了上述偏见。在河流与地下水水域中，根据有限区域内污染物浓度有限的测量数据，怎么能唯一地确定污染源的初值？尤其，当测量数据存在微小误差时，往往会产生极大的误差，导致重构结果不稳定。

正如上面所述，不满足适定性条件的一个或几个条件，即是不适定问题。为了消除不适定性，需要附加一些限定条件，通常把这种附加条件称为先验条件[134]。对于环境水力学领域，这种先验条件常常是通过实际勘察测量得到，并且实际问题往往没有精确解，所以，科研工作者只能寻找近似地满足控制方程的近似解，或者近似地满足定解条件的控制方程的近似解。因此，这些近似解一般不满足唯一性条件，除非施加适当的限制，例如紧约束或宽约束，使不适定性问题转变为适定性问题，满足实际需要[135]。

要解决上述反问题，附加容易获得的终端观测值，一般应用如下的形式

$$c_T(x) = c(x, T) \tag{3.2}$$

式中　$c_T(x)$——终端观测值，mg/L。

由此，方程组（3.1）和方程（3.2）就构成了一个关于初值识别的适定的反问题，下面应用迭代算法求解。

3.2　Landweber 迭代算法

Landweber 迭代算法是由 Landweber 于 1951 年首次提出用来解决非线性问题的。由于该算法具有良好的稳定性，所以在众多领域中应用广泛，并取得了大量的研究成果。Scherzer[136,137]研究了非线性问题的 Landweber 迭代算法的收敛准则，之后进一步改进了传统的 Landweber 迭代算法。张军[138]等研究了 Hilbert 尺度下的非线性不适定问题的多水平迭代算法。汪继文[139]、Yang[140]等很好地应用 Landweber 迭代重构了基于时间和空间变量的热传导方程源项。

设 P 为一非线性映射

$$P\phi = c(x, t, \phi) = g(x) \tag{3.3}$$

非线性映射 P 可以划分成两个映射 A 和 H

$$P\phi = A\phi + Hf = c_1(x_0, t) + c_2(x_0, t) \tag{3.4}$$

其中 c_1 满足方程组（3.5）

$$\begin{cases} \dfrac{\partial c_1(x,t)}{\partial t}+v\,\dfrac{\partial c_1(x,t)}{\partial x}-D\,\dfrac{\partial^2 c_1(x,t)}{\partial x^2}+Kc_1(x,t)=0 & (x,t)\in\Omega=[0,L]\times[0,T] \\ c_1(0,t)=0 & t\in[0,T] \\ c_1(L,t)=0 & t\in[0,T] \\ c_1(x,0)=\phi(x) & x\in[0,L] \end{cases}$$

$$(3.5)$$

c_2 为方程组（3.6）的解

$$\begin{cases} \dfrac{\partial c_2(x,t)}{\partial t}+v\,\dfrac{\partial c_2(x,t)}{\partial x}-D\,\dfrac{\partial^2 c_2(x,t)}{\partial x^2}+Kc_2(x,t)=0, & (x,t)\in\Omega=[0,L]\times[0,T] \\ c_2(0,t)=0 & t\in[0,T] \\ c_2(L,t)=0 & t\in[0,T] \\ c_2(x,0)=0 & x\in[0,L] \end{cases}$$

$$(3.6)$$

通过验证可知 A 为一个线性映射

$$A\phi=g-Hf \tag{3.7}$$

（3.7）式可以被改写为（3.8）式

$$\phi=(I-\alpha A^*A)\phi+\alpha A^*(g-Hf) \tag{3.8}$$

对于步长 $\alpha>0$，A^* 是 A 的伴随算子，于是可用下面的迭代格式求解（3.8）式

$$\begin{cases} \phi_0=0 \\ \phi_m=(I-\alpha A^*A)\phi_{m-1}+\alpha A^*(g-Hf) \end{cases} \quad m=1,2,3,\cdots \tag{3.9}$$

容易验证，式(3.9)即是求解式(3.10)的最速下降法。

$$\Phi(\phi)=\frac{1}{2}\|A\phi-(g-Hf)\|^2_{L^2(0,L)} \tag{3.10}$$

根据 H 的定义和式(3.9)可知

$$\begin{aligned} \phi_m &=\phi_{m-1}-\alpha A^*\big[K\phi_{m-1}-(g-Hf)\big] \\ &=\phi_{m-1}-\alpha A^*\big[u_{m-1}(x,\cdot)-g\big] \end{aligned} \tag{3.11}$$

其中 u_{m-1} 是方程（3.1）和方程（3.2）的解，此时 $\phi=\phi_{m-1}$。

对于任意的 $\psi\in w^{3,\infty}(0,l)$，则有

$$A^*\psi=u(x,\cdot) \tag{3.12}$$

其中 u 满足下面的方程组，

$$\begin{cases} \dfrac{\partial u(x,t)}{\partial t}+v\,\dfrac{\partial u(x,t)}{\partial x}-D\,\dfrac{\partial^2 u(x,t)}{\partial x^2}+Ku(x,t)=0 & (x,t)\in\Omega=[0,L]\times[0,T] \\ u(0,t)=0 & t\in[0,T] \\ u(L,t)=0 & t\in[0,T] \\ u(x,0)=\psi & x\in[0,L] \end{cases}$$

$$(3.13)$$

由 A^* 的定义和式(3.11)，引入下面的伴随方程组（3.14）

$$
\begin{cases}
\dfrac{\partial u(x,t)}{\partial t}+v\dfrac{\partial u(x,t)}{\partial x}-D\dfrac{\partial^2 u(x,t)}{\partial x^2}+Ku(x,t)=0 & (x,t)\in\Omega=[0,L]\times[0,T] \\
u(0,t)=0 & t\in[0,T] \\
u(L,t)=0 & t\in[0,T] \\
u(x,0)=c(x,T)-g(x) & x\in[0,L]
\end{cases}
$$

$$(3.14)$$

3.3 Landweber 迭代算法的步骤

Landweber 迭代算法[22]实际上是以 α 为步长求解二次泛函 $\|A(x)-y\|^2$ 极小元的最速下降法。根据上述分析，Landweber 算法的具体迭代步骤如下。

步骤 1：选择一个初值 $\phi=\phi_0(x)$，简单起见，选择 $\phi_0(x)=\sin(x)$，$x\in[0,L]$。

步骤 2：解方程组（3.1）得到其解 $c_0(x,t)$。

步骤 3：求解邻近的伴随方程组（3.15），得到解 $u_0(x,t)$，其中 $c(x,T)=c_0(x)$。

$$
\begin{cases}
\dfrac{\partial u(x,t)}{\partial t}+v\dfrac{\partial u(x,t)}{\partial x}-D\dfrac{\partial^2 u(x,t)}{\partial x^2}+Ku(x,t)=0 & (x,t)\in\Omega=[0,L]\times[0,T] \\
u(0,t)=0 & t\in[0,T] \\
u(L,t)=0 & t\in[0,T] \\
u(x,0)=c(x,T)-g(x) & x\in[0,L]
\end{cases}
$$

$$(3.15)$$

步骤 4：令 $\phi_1(x)=\phi_0(x)-\alpha u_0(x,T)$，并且 $c_1(x,t)$ 是式(3.11) 在 $\phi=\phi_1(x)$ 时的解。

步骤 5：选择任意小的正数作为误差值，计算 $\|c_1(x,T)-g(x)\|$，并与正数 ε 比较。如果 $\|c_1(x,T)-g(x)\|<\varepsilon$，停止迭代步骤，并认为 $\phi=\phi_1(x)$；如果 $\|c_1(x,T)-g(x)\|\geqslant\varepsilon$，则转向步骤 3，并将 $\phi_1(x)$ 作为一个新的初始值进行循环计算，直到满足终止条件。

3.4 Landweber 迭代识别对流-扩散方程的初值

图 3.1 显示在一维污染水体中，污染物在对流、扩散作用下随着水体迁移输运，污染物的迁移输运过程符合对流-扩散方程。若初始条件 $\phi(x)$ 未知，水体流速 v、污染物的弥散系数 D、污染物的降解速率 K 均已知，可以通过附加终端观测值识别上述初值反问题。

3.4.1 纯扩散实例

纯扩散方程为对流作用可以忽略，即 $Pe=0$ 时的控制方程。在应用 Landweber

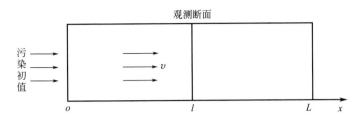

图 3.1 污染物一维对流-扩散方程初值识别问题

迭代识别初值之前，先固定物理参数（见表 3.1）。实际上，Landweber 迭代是一种迭代正则化方法，如果选择合适的正则化参数 α（α 是迭代步数的倒数），Landweber 迭代算法具有较高的精度和较好的稳定性，可称之为最速下降法"Steepest Descent Method"，显然正则化参数 α 在迭代计算过程中起着至关重要的作用[135]。正则化参数 α 太大，会导致迭代过程发散，一般取 $0<\alpha\leqslant100$[141,142]。在纯扩散实例中，正则化参数 α 取为 1.0，迭代速度较快，反演结果较好。

表 3.1 物理参数表

参数	纯扩散实例	对流-扩散实例
$\phi(x)/(\mathrm{mg/L})$	$\begin{cases}\sin\left(\dfrac{\pi(x-100)}{100}\right) & x\in[100,200]\\ 0 & x\in[0,100],[200,300]\end{cases}$	$\begin{cases}\sin\left(\dfrac{\pi x}{100}\right) & x\in[0,70]\\ 0 & x\in[70,200]\end{cases}$
$D/(\mathrm{m^2/s})$	0.5	0.1
$v/(\mathrm{m/s})$	0	1
$K/\mathrm{s^{-1}}$	0	0.2
L/m	300	200
T/s	10	5

（1）迭代次数对重构结果的影响

图 3.2 为不同迭代次数纯扩散实例污染物初值的反演结果。大约经过 800 次迭代，数值结果与"真值"较为吻合；此外，由于初值存在不连续点，表现出不友好性，Landweber 迭代算法很难精确地重构这些不连续点。如要迭代出精确的不连续点的解，则需要更长的迭代过程，从而说明 Landweber 迭代算法可以应用于不连续初值的反演过程中。

（2）测量误差对重构结果的影响

由于实际勘探的局限性和工作者经验上的差别，实测过程中不可避免地存在测量误差，为了更真实地重构初值，应考察测量误差对重构结果的影响[140]。采用式（3.16）表示带有测量误差的观测数据[135,141]作为附件条件

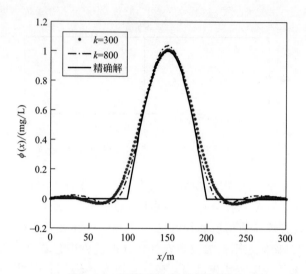

图 3.2　不同迭代次数的重构结果

$$c_T^{\delta}(x)=c(x,T)[1+\delta\times\text{random}(x)] \tag{3.16}$$

式中　$c_T^{\delta}(x)$——带有测量误差的观测数据；

　　　δ——测量误差；

random(x)——一随机函数。图 3.3 为不同测量误差影响的数值结果。

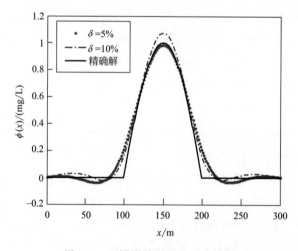

图 3.3　不同测量误差的反演结果

从污染初值的重构结果来看，由于污染初值的不友好性和测量误差的存在，反演结果受到一定的影响：当实测的污染初值存在 5% 的测量误差时，反演结果在突变部位与真实值相差较大，其余的部分吻合较好，总体上比较接近真实结果；当测量误差 δ 增至 10% 时，数值结果基本符合真实结果。

从表 3.2 中四个测点的重构结果中看，当观测 $x = 150\text{m}$ 时，两种测量误差情况下，污染初值重构结果的相对误差为 7.21% 和 8.34%，初值没有很好地被重构。这主要是由初始条件的非光滑性造成的，但是总体上还是满意的，因此验证了 Landweber 迭代能较好地反演纯扩散方程的污染物初始浓度分布，并具有较好的稳定性。

表 3.2　四个测点的结果对比

x	$\phi_1(x)$	$\phi_1(x)$	
		$\delta = 5\%$	$\delta = 10\%$
70	0	−0.0457	−0.0354
100	0	0.1556	0.1179
150	1	1.0721	1.0834
220	0	−0.0193	−0.0367
迭代时间		806.3s	801.30s

3.4.2　对流-扩散实例

对流-扩散实例的物理参数及计算参数见表 3.1，下面应用 Landweber 迭代算法重构污染初值。首先考察正则化参数 α 对重构结果的影响；其次，考察迭代次数和测量误差对重构结果的影响。

（1）正则化参数的影响

图 3.4 为不同正则化参数 α 的重构结果。经过多次数值试验，正则化参数 α 取 1.9 时，数值结果与真值较为接近。

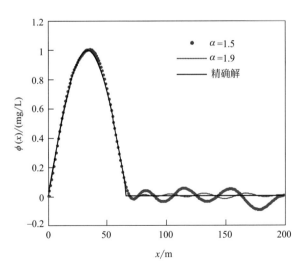

图 3.4　不同正则化参数的影响

（2）迭代次数的影响

图 3.5 展示了不同迭代次数影响的数值结果，从图 3.5 中可以看出，历时 1665.50s，大约经过 50 余次迭代，数值结果逼近真实结果。当测点 x 属于 $[0，70]$ 时，污染初值条件被很好地重构；而当测点 $x \in [70，200]$ 时，重构结果和真实结果吻合得不好，这是由于初值函数是分段函数造成的。由上述结果分析可得，Landweber 迭代对于大型问题收敛速度较慢，迭代时间较长，严重制约了该算法的广泛应用。

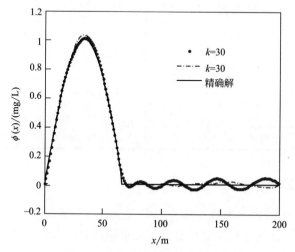

图 3.5　不同迭代次数的反演结果

（3）测量误差的影响

由于观测数据的随机性，必然存在测量误差。终端观测值的误差越大，识别结果的可信度就越低，因此有必要分析测量误差的影响。图 3.6 为考虑测量误差影响

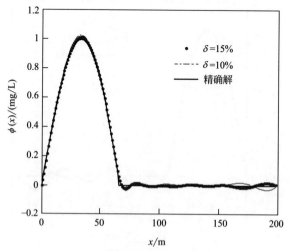

图 3.6　测量误差对反演结果的影响

的初值重构结果。数值结果表明，当测量误差 δ 增至 10％时，历时 2691.09s，Landweber 迭代反演结果基本令人满意，进一步验证了 Landweber 迭代是一种有效的但收敛速度慢的重构初值算法。

3.5　本章小结

利用有限的观测数据作为附加条件，本章设计了 Landweber 迭代识别纯扩散和对流-扩散实例的污染物初值反问题。数值结果表明：对于不连续的初值条件，Landweber 迭代算法需要更多的迭代次数和更长的迭代时间，才能迭代出满意的污染物初值。依此外推，Landweber 迭代算法可以较好地重构连续的污染物初值问题。

另外，在上述研究过程中发现，Landweber 迭代算法收敛速度较慢，并且具有局部收敛的局限性。因此，如何减少时间复杂度，提高收敛速度和全局收敛，是 Landweber 迭代算法下一步的研究重点。鉴于上述特点，本书第 4 章采用适合于求解大中型非线性问题的 PRP 共轭梯度算法识别污染物的源项。

4

PRP共轭梯度算法重构一维地下水对流-扩散方程的污染源项

随着现代化进程的快速推进，大量工业、农业污染物被排放到地下水中，导致地下水污染严重。污染物在地下水中迁移输运过程作用时间长、影响范围大，而且还涉及水文地理条件、物理反应、化学反应等诸多反应，因此，污染物迁移输运过程极为复杂，并表现出非线性行为[31]。由于地下水系统具有深埋性、隐藏性等特点，所以地下水污染并没有引起业界足够的重视。最近的一份调查报告显示，作为主要淡水资源之一的地下水已经被氮、碳氢化合物、有毒有害的微量元素严重污染，并且呈现出由点到面、由城镇向农村发展的趋势[108]，因此，地下水污染问题变得越来越棘手[143~145]。

事实上，实际勘探工作中很多污染物的信息都难以准确测量，甚至无法监测。如何解决此类问题，需求助于环境水力学反问题。环境水力学反问题按照不同的研究目的大致分为识别问题和控制问题；按照控制方程分为常微分方程控制系统反问题、偏微分方程控制系统反问题和代数方程控制系统反问题。本章以对流-扩散偏微分方程为数学基础，因此属于偏微分方程控制系统反问题。按照识别对象的不同，环境水力学反问题又进一步分为源项反问题、参数反问题、边界条件反问题、初始条件反问题和形状反问题等五类问题。地下水归属于环境水力学范畴，因此，地下水反问题也属于环境水力学反问题范畴，其中源项反问题（污染源项识别问题）在地下水污染中具有重要的实际意义。

目前已有大量的文献研究地下水污染源的识别问题，Li 和 Mao[64]应用全域多元二次曲面方法反演传热方程的源项；Hazart[143]等应用基于马尔科夫链的贝叶斯方法重构点源的位置、释放时间和源强的大小；Zeng 等[144]提出了一种有效的基于自适应稀疏网格插值的贝叶斯方法求解污染源项，为了减轻标准马尔可夫链蒙特卡罗（MCMC）方法的计算负担，采用随机搭配法构造了一种具有多项式形式的代理系统，并且设计了一种自适应方案来考虑参数的不同重要性。数值算例表明，在一定条件下，该方法能极大地降低 MCMC 采样的计算负担，准确地识别出污染物源的特征。关于污染源项反演的其他方法请参考文献 [145]～[149]。本章采用 PRP 共轭梯度法反演地下水污染源项。

4.1 源项反问题

设已知地下水的渗流速度 v、污染物的弥散系数 D、污染物的降解速率 K、污染物的源或汇 $q(x)$、有效孔隙率 n_e，污染物的初始分布函数 $\phi(x)$、边值函数 $f_1(t)$ 和 $f_2(t)$，一维非稳定地下水污染迁移输运过程可用方程组（4.1）表示

$$\begin{cases} \dfrac{\partial c(x,t)}{\partial t} + v \dfrac{\partial c(x,t)}{\partial x} - D \dfrac{\partial^2 c(x,t)}{\partial x^2} + Kc(x,t) = \dfrac{q(x)}{n_e} & (x,t) \in \Omega = [0,L] \times [0,T] \\ c(0,t) = f_1(t) & t \in [0,T] \\ c(L,t) = f_2(t) & t \in [0,T] \\ c(x,0) = \phi(x) & x \in [0,L] \end{cases}$$

$$(4.1)$$

如果方程组（4.1）中的各项模型参数与初边界条件均已知，则方程组（4.1）为一个适定的正问题，可以通过试验和数值模拟的方法预测污染物的时空分布。然而，地下水突发性污染事件往往具有污染源种类不确定的特点、污染发生的时间和水域不确定的特点，正是由于这些不确定性，即使通过现场勘测获得了污染事故发生的时间地点以及事故水域性质等基本信息，而污染物的类型和数量也会因发现污染事故时间的滞后性而难以确定，因此，只能借助反演的方法确定污染源信息，即根据已知的各项模型参数，识别未知的污染源项信息。

4.2 共轭梯度算法（CGM）

共轭梯度算法是由 Fletcher-Reeves[150] 首次提出来的，作为一种简单有效的迭代技术，被广泛地应用于物理学和传热学方程的源项识别及扩散系数反演中，尤其适合于大中型线性和非线性的无约束优化问题。共轭梯度算法的基本思路为结合共轭性和最速下降法，构建一组共轭负梯度方向，沿着下降的方向寻找目标函数的极小值[95,96]。合适终止条件的共轭梯度算法实际上是一类迭代正则化方法。

考虑如下非线性优化问题

$$F(x) = y \in Y \qquad (4.2)$$

其中 $F: X \to Y$ 为一有界紧线性算子，X 和 Y 属于 Hilbert 空间。对于 $x \in X$，通常设 F 为一连续性算子，所以上述非线性优化问题可转化为

$$\min_{x \in X} f(x) := \min \frac{1}{2} \| F(x) - y^\delta \|^2 \qquad (4.3)$$

$F(x)$：$R^n \rightarrow R$ 为一连续可微的函数；$\| \cdot \|^2$ 为 2-范数；δ 为误差范围。共轭梯度算法是一种有效的解决非线性优化问题的方法，尤其是当 n 很大时。式（4.3）可转化为

$$x_{k+1} = x_k + \alpha_k d_k \tag{4.4}$$

式中 α_k——迭代步长；

d_k——搜索方向，$d_k = \begin{cases} -g_k & k=1 \\ -g_k + \beta_k^{\mathrm{FR}} d_{k-1} & k \geqslant 2 \end{cases}$；

β_k^{FR}——一标量，$\beta_k^{\mathrm{FR}} = \dfrac{\| g_k \|^2}{\| g_{k-1} \|^2}$。

其中 $g_k = \nabla f(x_k)$ 为目标函数的梯度。任取 $\gamma > 1$，$\| g^\delta - g \|_{L^2[0,L]} \leqslant \gamma \delta$ 为观测值的先验值[22]。

4.3 经典共轭梯度算法的迭代步骤

根据上述算法的介绍，共轭梯度算法的详细步骤[151,152]如下。

步骤 1：设 $k=0$，选择一个迭代初始值 $q_0(x)=0$，$x \in [0, L]$。

步骤 2：求解初边值问题（4.5），得到其解 c_k，此时 $q(x) = q_k(k)$。则

$$\begin{cases} \dfrac{\partial c}{\partial t} - D \dfrac{\partial^2 c}{\partial x^2} + v \dfrac{\partial c}{\partial tx} + Kc = \dfrac{q(x)}{n_e} & (x,t) \in \Omega = [0,L] \times [0,T] \\ c(x,0) = \phi(x) & x \in [0,L] \\ c(0,t) = f_1(t) & t \in [0,T] \\ c(L,t) = f_2(t) & t \in [0,T] \end{cases} \tag{4.5}$$

步骤 3：确定残差 $r_k = g^\delta - c_k$，求解方程组（4.5）邻近的伴随方程（4.6），其解表示为 $u_k(x, t)$

$$\begin{cases} -u_t - Du_{xx} - vu_x + Ku = \dfrac{g^\delta - c_k}{n_e} & (x,t) \in \Omega \\ u(x,0) = 0 \\ u(0,t) = f_1(t) \\ u(L,t) = f_2(t) \end{cases} \tag{4.6}$$

步骤 4：计算 $s_k = u_k + \alpha_{k-1} s_{k-1}$，其中

$$\alpha_{k-1} = \begin{cases} 0, & k=0, \\ \dfrac{\| u_k \|^2_{L^2[0,L]}}{\| u_{k-1} \|^2_{L^2[0,L]}}, & k \geqslant 1. \end{cases} \tag{4.7}$$

步骤 5：求解下列方程组

$$\begin{cases} c_t - Dc_{xx} + vc_x + Kc = \dfrac{s_k}{n_e} & (x,t) \in \Omega \\ c(x,0) = 0 \\ c(0,t) = f_1(t) \\ c(L,t) = f_2(t) \end{cases} \tag{4.8}$$

并得到其解为 $c := d_k(x, t)$，令

$$\beta_k^{\mathrm{FR}} = \frac{\|u_k\|_{L^2[0,L]}^2}{\|d_k\|_{L^2[0,L]}^2} \tag{4.9}$$

则有

$$q_{k+1} = q_k + \beta_k s_k \tag{4.10}$$

步骤 6：增加迭代次数 k，执行循环到步骤 2。当 $k \in \mathbb{N}$，第一次满足 $\|g^k - g\|_{L^2[0,L]} \leqslant \gamma\delta$ 时终止循环。

4.4 PRP 共轭梯度算法（PRP-CGM）

经典的共轭梯度算法中采用 $\beta_k^{\mathrm{FR}} = \dfrac{\|g_k\|^2}{\|g_{k-1}\|^2}$ 作为搜索步长，虽然具有较好的理论收敛性，但迭代过程中可能连续产生小步长，导致数值结果不理想[153]。基于此，本章改进经典的共轭梯度算法，采用 $\beta_k^{\mathrm{PRP}} = \dfrac{g_k^{\mathrm{T}} y_{k-1}}{\|g_{k-1}\|^2}$ 作为搜索步长（其中 $y_{k-1} = g_k - g_{k-1}$），当算法产生小步长时，PRP 共轭梯度（PRP Conjugation Gradient Method，PRP-CGM）产生的搜索方向可以自动靠近负梯度方向，从而具有自动搜索功能，能够有效地消除连续小步长现象，数值表现较好[152]。PRP 共轭梯度算法迭代步骤只需用（4.11）式替换经典的共轭梯度算法步骤中（4.9）式即可，其他步骤不变。

$$\beta_k^{\mathrm{PRP}} = \frac{u_k w_{k-1}}{\|d_k\|_{L^2[0,L]}^2} = \frac{u_k(u_k - u_{k-1})}{\|d_k\|_{L^2[0,L]}^2} \tag{4.11}$$

4.5 实例应用

本节应用两个算例和一个实例检验 PRP 共轭梯度法的有效性。

4.5.1 算例 1

形如（4.12）的控制方程

$$\begin{cases} c_t - Dc_{xx} = q(x) & (x,t) \in \Omega = [0,1] \times [0,1] \\ c(x,0) = \phi(x) & x \in [0,1] \\ c(0,t) = c(L,t) = 0 & t \in [0,1] \end{cases} \tag{4.12}$$

若方程（4.11）的参数取为：$D=1$，$\phi(x)=\sin(2\pi x)$，$q(x)=2\pi^2\sin(2\pi x)$，时间步长和空间步长均取 1/100，应用经典的共轭梯度与 PRP 共轭梯度反演方程源项的结果见图 4.1，从图中可以看出，PRP-CGM 重构结果比 CGM 重构结果精确。

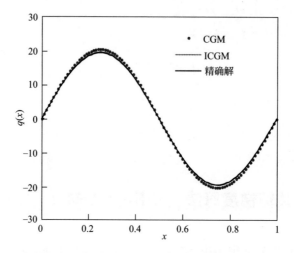

图 4.1　CGM 与 PRP-CGM 反演结果对比

若参数取为 $\phi(x)=\sin(x)$，$q(x)=|(x-1)(x-3)|$，$x\in[0,4]$，PRP-CGM 反演结果见图 4.2。从图 4.2 中可以出，除了 $x=1$ 和 $x=3$ 两个不可微点之外，方程源项均被很好地重构。数值结果表明，PRP 共轭梯度法是一种非常有效的重构控制方程源项的方法，后续章节采用 PRP-CGM 识别实际案例的污染源项问题。

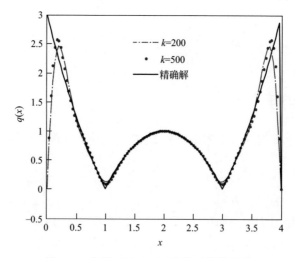

图 4.2　应用 PRP-CGM 重构不连续源项

4.5.2　算例2

为了进一步验证 PRP 共轭梯度算法的有效性,本节设计一不连续源项。计算长度 $x=6000\text{m}$,计算时间 $T=11$ 年,弥散系数 $D=1.0\text{m}^2/$年,渗流速度 $v=1.0\text{m}/$年,有效孔隙率 $n_e=0.25$,取空间步长 $h=100\text{m}$,时间步长 $\tau=0.5$ 年。通过线性拟合,初边值条件表达式为

$$\begin{cases} \phi(x)=0.0715x+45.6 \\ f_1(t)=7.96t+45.6 \\ f_2(t)=1.75t^2+331.6 \end{cases} \tag{4.13}$$

污染源项假设为一分段函数

$$q(x)=\begin{cases} 0 & x\in[0,1000],[2000,3000],[4000,5000] \\ 85 & x\in[1000,2000] \\ 121 & x\in[3000,4000] \\ 153 & x\in[5000,6000] \end{cases} \tag{4.14}$$

1988~1999 年间硫酸根浓度的观测数据可拟合为

$$c_{11}(x)=c(x,11)=0.1026x+152 \tag{4.15}$$

图 4.3 为不同迭代次数的反演结果,尽管污染源项为一分段函数,当迭代次数增至 100 次时,污染源项得到了较高精度的重构。

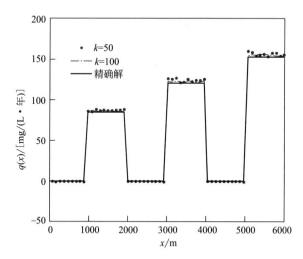

图 4.3　不同迭代次数的重构结果

实际测量过程不可避免地会产生测量误差,为了更真实地重构模型源项,需要考虑测量误差对反演结果的影响。类似地,采用式(3.16)表示带有测量误差的观测数据,应用 PRP-CGM 重构不同测量误差影响的源项结果见图 4.4 和表 4.1。

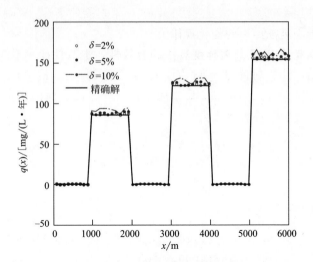

图 4.4 不同测量误差的重构结果

表 4.1 不同测量误差影响的重构结果

x/m	$q(x)$ /(mg/L)	$q(x)$			$\delta=10\%$ 的 相对误差/%
		$\delta=2\%$	$\delta=5\%$	$\delta=10\%$	
1500	85	85.5640	87.8658	93.0944	9.52
2000	0	0.0497	0.1434	0.3112	—
3500	121	121.1516	126.2638	132.5373	9.53
4500	0	0.0801	0.1417	0.4108	—
5500	153	154.9691	155.3435	158.9026	3.85

从表 4.1 可以看出，当测量误差 $\delta=10\%$ 时，数值结果的相对误差最大为 9.53%，基本可以接受的。由于污染源项本身的不连续性以及测量误差的影响，源项重构结果还是比较令人满意的，充分证明所提算法具有较大的容错性、稳定性，可以应用到实际工程中。

4.5.3 淄博地区硫酸根污染源入渗强度反演实例

淄博沣水南部地区为一个受地质构造控制的、半封闭的三角形区域，可作为一相对独立的水文地质单元，面积约为 $45\mathrm{km}^2$。由于煤井的过度开挖，导致地下水硫酸污染严重，该案例借鉴参考文献 [69]，应用 PRP 共轭梯度算法对该地区地下水硫酸的强度进行反演。取计算长度 $x=4000\mathrm{m}$，$T=11$ 年，弥散系数 $D=1.0\mathrm{m}^2/$年，渗流速度 $v=1.0\mathrm{m}/$年，有效孔隙率 $n_\mathrm{e}=0.25$，取空间步长 $h=100\mathrm{m}$，时间步长 $\tau=0.5$ 年。

1988～1999 年间硫酸根浓度的观测数据可拟合为

$$c_{11}(x)=c(x,11)=0.1026x+133.19 \tag{4.16}$$

图 4.5 为应用 PRP 共轭梯度算法识别硫酸根强度的结果。经过线性拟合得出，硫酸根平均入渗强度随距离的变化规律为

$$q(x) = 0.000524x + 13.3796 \tag{4.17}$$

当迭代次数达到 80 次时，硫酸根浓度已经被较好地重构，证明了所提算法是一种收敛速度快、重构精度高的反演算法。

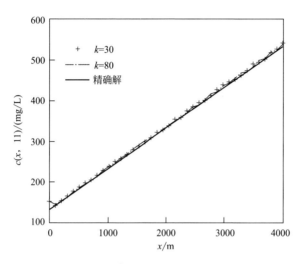

图 4.5　不同迭代次数硫酸根浓度的重构结果

（1）考虑测量误差的影响

仍采用式（3.16）表示带有测量误差的观测数据作为附加数据，应用 PRP 共轭梯度算法重构的不同测量误差情况下污染源项和硫酸根浓度的反演结果分别见图 4.6 和图 4.7。当测量误差 δ 分别为 2% 和 5% 时，污染源项的真值与反演结果

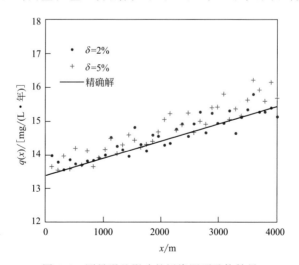

图 4.6　测量误差影响的污染源项重构结果

的计算误差分别为 2.271％和 3.102％，比参考文献［69］的误差 4.18％要小，证明所提算法反演的硫酸根平均入渗强度具有较高的精度。

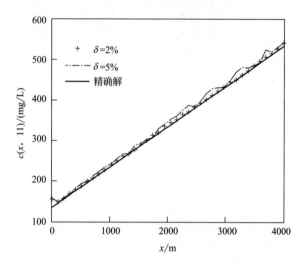

图 4.7　测量误差影响的硫酸根浓度重构结果

（2）考察初值的影响

PRP 共轭梯度算法属于确定性反演方法，而确定性算法普遍存在对于初值比较敏感，因此，有必要分析初值对于数值结果的影响。图 4.8 和图 4.9 展示了不同初值时污染源项和硫酸根浓度的重构结果。从图中可以看出，初值 $q_0 = 16\text{mg}/(\text{L} \cdot \text{年})$ 时的反演结果比初值 $q_0 = 0\text{mg}/(\text{L} \cdot \text{年})$ 时的反演结果误差要大，所以采用 PRP-CGM 迭代计算时应选择合理的初值，方能重构出理想的结果。

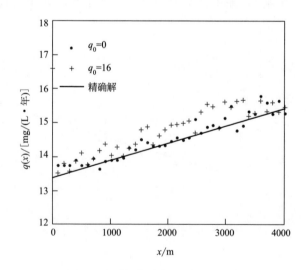

图 4.8　不同初值污染源项的重构结果

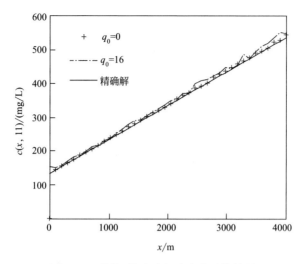

图 4.9　不同初值硫酸根浓度的重构结果

4.6　混合算法（Hybrid Method）

4.6.1　混合算法基本思想

　　基于 4.5.3 节淄博地区地下水硫酸根平均入渗强度的反演结果分析：对于合理的初值，PRP 共轭梯度算法能较快较好地重构出结果；对于不合理的初值，PRP 共轭梯度算法重构的结果偏差较大。这说明 PRP 共轭梯度算法对于初值比较敏感。为了消除 PRP 共轭梯度算法对于初值的依赖，借助全局搜索法——遗传算法 GA 作为 PRP-CGM 的前处理，首先由 GA 迭代出的结果，然后将这一结果作为迭代初值，由 PRP-CGM 识别源项。

　　遗传算法 GA 作为一种全局搜索优化算法，是由美国密歇根大学 Holland[154] 于 1975 年提出的，遗传算法是基于生物进化理论，在寻优搜索的过程中，不要求适应度函数可微，并行搜索，应用较为广泛。近几十年在传热学、化学、生物、环境水力学领域特别流行。在遗传算法 GA 中，有交叉、变异和选择三个主要算子，如果三个算子应用得当，GA 能快速迭代出准确结果；若依靠经验选取的交叉概率、变异概率和选择概率不合适，则 GA 很难迭代出较好的结果。鉴于其卓越的全局搜索能力，遗传算法 GA 尤其适合处理一些不连续不可导的优化问题。

　　根据上述 PRP-CGM 与 GA 的特点，扬长避短，结合 GA 和 PRP-CGM，构建一种混合算法 Hybrid Method（HM）重构一维地下水对流-扩散控制方程的源项。图 4.10 为混合算法框架图。

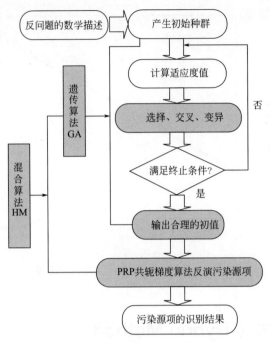

图 4.10　混合算法框架图

4.6.2　混合算法的步骤

根据上述分析，混合算法的具体迭代步骤[154]如下。

```
Begin
    产生初始种群 popsize (0)，k=1；
    根据适应度函数 Fitness function，计算初始种群中每一个体的适应度 Fit-
ness，从而得出最大适应度；
While (不满足终止条件)
    执行变异运算；
    执行交叉运算；
    计算变异、交叉产生的新个体适应值；
    执行选择运算，生成下一代种群 popsize(k)；
    k=k+1；
    求得种群的最大适应度；
End
```

遗传算法的终止条件设定为种群最大适应度或是最大的迭代次数。一旦遗传算法终止，将遗传算法迭代出的结果作为 PRP 共轭梯度算法的初值，继而进入 PRP 共轭梯度算法迭代（见 4.2 节共轭梯度算法步骤 1~6），从而得到精度较高的重构结果。

4.6.3 实例应用

本节应用混合算法对两个污染源项问题进行反演，验证混合算法的有效性和适用性。

（1）实例 1

假设计算区域 $x = 6000\mathrm{m}$，计算时长 $T = 5$ 年，污染物的弥散系数 $D = 1.0\mathrm{m}^2/$年，地下水渗流速度 $v = 1.0\mathrm{m}/$年，有效的孔隙率 $n_e = 0.25$，污染物的降解速率 $K = 0.05$ 年$^{-1}$，设空间步长 $h = 100\mathrm{m}$，时间步长 $\tau = 0.5$ 年。通过线性拟合，初边值条件表达式为

$$\begin{cases} \phi(x) = 0.1x + 30 & 0 \leqslant x \leqslant 6000 \\ f_1(t) = 5t + 80 & 0 \leqslant t \leqslant 5 \\ f_2(t) = 1.5t^2 + 350 & 0 \leqslant t \leqslant 5 \end{cases} \tag{4.18}$$

假设源项的"真值" $q(x) = 0.001012x + 9.9950$，代入正问题得到的结果作为附加观测值，应用混合算法识别污染源项 $q(x)$。图 4.11 为相同初值条件下 PRP-CGM 和 HM 的反演结果对比，由图分析得出，相同的初值条件下，HM 重构的源项比 PRP-CGM 重构的结果精度要高。

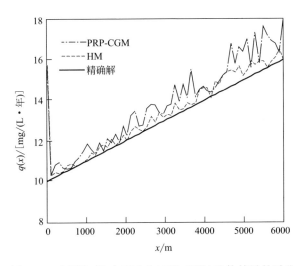

图 4.11　相同初值时 HM 和 PRP-CGM 重构结果的对比

图 4.12 为不同初值条件下 PRP-CGM 和 HM 的反演结果对比。当初值取为 $q_0 = 8\mathrm{mg}/(\mathrm{L \cdot 年})$，比较接近真实平均值，采用 PRP-CGM 反演得到的源项，线性拟合为 $q(x) = 0.00113x + 10.292$，与"真值"的平均相对误差为 4.88%；当初值取为 $q_0 = 0\mathrm{mg}/(\mathrm{L \cdot 年})$，明显偏离"真值"，采用 HM 反演得到的污染源项为 $q(x) = 0.001057x + 10.1$，与"真值"的平均相对误差为 1.79%，从而可以得出，混合算法 HM 对初值不敏感，而且比 PRP-C GM 快速有效。

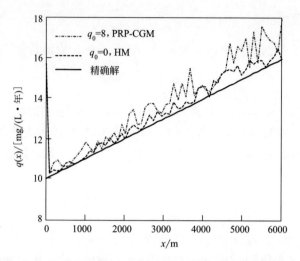

图 4.12 不同的初值时 HM 和 PRP-CGM 重构结果的对比

图 4.13 为考虑测量误差影响时的 HM 反演的结果，当测量误差为 5％和 12％时，混合算法的计算误差分别为 2.44％和 6.09％，重构结果还是比较令人满意的。

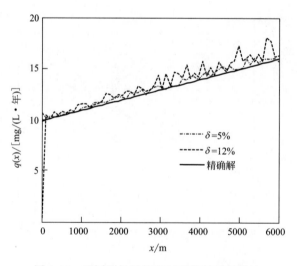

图 4.13 不同测量误差 HM 重构结果的对比

（2）实例 2

应用混合算法 HM 重构淄博地区地下水硫酸根的平均入渗强度结果见图 4.14。当初值取 10mg/(L·年)，不同的测量误差时，硫酸根的平均入渗强度分别为 14.77mg/(L·年)、15.08mg/(L·年)、15.23mg/(L·年)，相比文献 [28] 的 14.6mg/(L·年)，具有较小的误差——1.18％、3.35％、4.35％。数值结果表明，尽管测量误差高达 12％，但重构结果仍然令人满意。

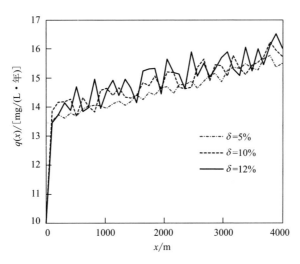

图 4.14　HM 重构的淄博地区硫酸根平均入渗强度

4.7　本章小结

　　本章应用 PRP 共轭梯度算法重构一维非稳态地下水污染源项，研究结果表明，PRP 共轭梯度算法能有效地重构连续的、不连续的分段源项。在淄博地区地下水中硫酸根平均入渗强度反演实例中，当实测数据存在 5% 的测量误差为时，应用 PRP 共轭梯度算法反演的结果与污染源项真值的计算误差为 3.102%，充分说明该算法具有较高的稳定性，是一种非常有效的重构污染源项的方法。

　　在淄博地区地下水硫酸根平均入渗强度的反演过程中，发现 PRP 共轭梯度算法对初始值有一定的依赖性。为了减小初始值的敏感性，本章耦合了遗传算法 GA 和 PRP 共轭梯度算法，设计了一种新的混合算法。该混合算法是以 GA 算法作为 PRP 共轭梯度算法的前处理，由遗传算法重构得到合理的初值代入 PRP 共轭梯度算法中，进而迭代出精度较好的数值结果。通过实例验证得出，混合算法是一种快速有效地解决地下水污染源项反问题的方法，既消除了初始值的敏感性，又提高了反演精度。

5

梯度正则化算法联合识别一维河流对流-扩散方程的多项模型参数

　　河流水质模型要实现求解，确定模型参数是关键的一步[155,156]。通常模型参数可以通过模型实验或经验值法确定，然而模型实验往往工作量大、效率低，而经验值法很难保证普适性。目前较为常用的方法是参数调试，实际上是根据实测的数据来调试参数，使得预测结果与实测数据吻合，即是环境水力学中的参数识别反问题。

　　参数识别对于实际中难以测量的污染源位置、污染物排放时间、污染物扩散系数的监测等具有一定的理论参考价值和实际应用价值。目前在河流污染水质模型中，参数反演已经取得一定的成果。参数反演方法主要有启发式优化算法和非启发式算法[157]，启发式优化算法主要包括遗传算法 GA、基于马尔科夫链的贝叶斯法 B-MCMC、模拟退火法等；非启发式算法有时空全域 Global space-time Multi-quadric(GST-MQ) 函数配点法、Tikhonov 正则化法、单纯形法[158]等。Hooke-Jeeves 吸引扩散粒子群混合算法[159]和单纯形耦合模拟退火算法[160]也可以求解地下水污染源的模拟-优化模型[159,160]。

　　上述的启发式和非启发式参数识别方法均能有效地重构河流污染水质模型的单项参数，然而实际工作中，模型中可能存在多个无法精确确定的参数，因此有必要对多个模型参数同时进行识别。目前应用确定性算法进行多项模型参数的联合重构的研究不多。侯海林[161]和刘进庆[162]等应用梯度正则化算法求解出精度高、稳定性好的地下水污染源强度。鉴于梯度正则化算法的优点，本章采用该算法对常系数和变系数河流水质模型中的多项参数进行识别，并考虑参数之间存在相关性的情况。

5.1 河流污染水质模型及参数识别反问题

假定河流污染物按一级动力学降解，降解速率为 K，不考虑面源和局部径流的影响，即忽略源项，一维河流污染水质数学模型为

$$\begin{cases} \dfrac{\partial c(x,t)}{\partial t}+v_x\dfrac{\partial c(x,t)}{\partial x}=E_x\dfrac{\partial^2 c(x,t)}{\partial x^2}-Kc(x,t) & (x,t)\in\Omega=[0,L]\times[0,T]\\ c(0,t)=f(t), \quad c(L,t)=0 & t\in[0,T]\\ c(x,0)=0 & x\in[0,L] \end{cases}$$

$$(5.1)$$

式中 $c(x,t)$——污染物浓度，mg/L；

         v_x——河流水流速度，m/s；

         E_x——污染物的纵向弥散系数，m^2/s；

         $f(t)$——边值条件。

如果上述方程组中的各项参数 v_x、E_x、K 及边界条件 $f(t)$ 均已知，则方程组（5.1）是一个适定的正问题，可以通过模型试验和数值模拟的方法预测河流下游污染物浓度 $c(x,t)$，从而判断河流的污染情况。然而，大多数实际情况是河流的平均流速 v_x、纵向扩散系数 E_x、综合降解系数 K 往往不能准确地获得，因此上述问题也就转化为不适定的参数识别反问题，即如何确定一组 $<c(x,t),v_x,E_x,K>$ 满足方程组（5.1）。

求解上述反问题，需要附加条件，一般是附加容易测得的终端观测值，

$$c_T(x)=c(x,T) \tag{5.2}$$

由此，方程组（5.1）和方程（5.2）就构成一个适定的多项模型参数联合识别问题，可以应用迭代的方法求解。

5.2 梯度正则化算法（GRM）

经典的 Tikhonov 正则化方法是一类具有普适性、且理论上最完备有效的求解反问题的方法，其求解思路是用一组邻近的适定问题的解去逼近不适定的反问题的解[135]。主要问题是如何构造邻近的适定问题，以及如何控制适定问题与不适定问题的邻近程度。梯度正则化算法是基于算子识别的摄动法、线性化技术和函数逼近论的一种迭代方法[111]，属于一类正则化方法。

方程组（5.1）和方程（5.2）构成的参数识别反问题，容易转化为非线性算子方程来求解

$$A_5[D(x)]=c(x,T) \tag{5.3}$$

其中 $D(x)$ 为待识别参数的向量函数，$D(x)=[v_x,E_x,K]$。设 $D(x)$ 为线性完备实函数空间 W 的一个元素，$\varphi_1(x)$，$\varphi_2(x)$…为实函数空间 W 上的一组基

函数，则反问题的精确解 $D^*(x)=\sum_{i=1}^{n}w_i^*\phi_i(x)$，$n$ 为有限项数，其大小取决于逼近精度的要求，相应的原方程的解为 $c^*(x,t)$。求解反问题实际上是确定一个 n 维实向量，$\boldsymbol{W}^T=(w_1,w_2,\cdots,w_n)\in\mathbb{R}^n$ 使得 $D(x)=\sum_{i=1}^{n}w_i\varphi_i(x)=W^T\varphi(x)$，$\varphi(x)=[\varphi_1(x),\varphi_2(x),\cdots,\varphi_n(x)]^T$，满足偏微分方程组（5.1）和方程（5.2）[112,163]。梯度正则化算法的迭代思路如下。

首先，建立迭代过程

$$D_{n+1}(x)=D_n(x)+\delta D_n(x) \tag{5.4}$$

其中，摄动量 $\delta D_n(x)$ 是由式(5.4) 非线性最优化问题来确定的

$$J[\delta D_n(x)]=\|\boldsymbol{A}_5[D_n+\delta D_n]-D_n\|_{L^2(\partial\Omega\times[o,T])}^2+\mu\cdot S[\delta D_n] \tag{5.5}$$

式中 $S[\delta D_n]$ 为 $[\delta D_n]$ 的稳定化泛函，$\boldsymbol{A}_5$ 为导数矩阵，μ 为正则化参数。

其次，采用有限差分离散上述非线性最优化问题，并应用线性化技术求 $\delta D_n(x)$ 的数值解。

5.3 梯度正则化算法的迭代步骤

依据上述介绍，梯度正则化算法的具体迭代步骤[100]如下。

步骤1：确定正则化参数 μ，步长及初始值，x、t 的离散点以及求解精度 eps。

步骤2：计算区间上有 M 个离散点 $x_m(m=1,2,\cdots,M)$，根据已知参数求解方程组（5.1），得到 $W_i\rightarrow D(x_m,T,W_i)$。

步骤3：由 $a_{m,i}=\dfrac{D[x_m,T,k_i+\tau\varphi(x_m)]-D(x_m,T,k_i)}{\tau}$ 计算导数矩阵 $\boldsymbol{A}_5$ 的值。

步骤4：计算 $\delta W_i=(\boldsymbol{A}_5^T\boldsymbol{A}_5+a)^{-1}\boldsymbol{A}_5^T(V-D)$，其中 V 为已知的附加数据。

步骤5：计算 $W_{i+1}=W_i+\delta W_i$，返回步骤1，循环执行，直到 $\|\delta W_i\|\leqslant$ eps（eps 为求解精度）为止，得到符合精度要求的 W，从而得到未知项 $D(x)_i=\sum_{i=1}^{n}w_i\varphi_i$。

5.4 梯度正则化算法联合重构河流污染迁移输运方程的多项模型参数

本小节应用常系数河流模型和天然变系数河流模型的参数识别问题验证梯度正则化算法的有效性。

5.4.1 常系数河流模型多项参数识别实例

（1）问题描述及正问题的解

设均匀河段长 30km，污染物扩散时长 1h，污染物的浓度边界值 $c_0 = 1$mg/L，河流的平均流速 $v_x = 5$km/h，弥散系数 $E_x = 2$km^2/h，污染物的一级降解速率 $K = 0.015$h^{-1}。该案例数据借鉴参考文献 [40]，空间步长取为 1.5km，时间步长取为 1/20h，此种离散情况下，Pe 数为 3.75，属于非对流占优问题，方程组(5.1)中的对流项采用中心加权差分格式比较精确，数值弥散与数值振荡都不明显。图 5.1 为采用隐格式求解的污染物浓度分布，取 $t = 1.0$h 时的污染物浓度作为参数识别的附加条件。

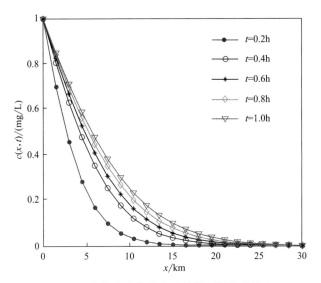

图 5.1 隐格式计算的常系数模型污染物浓度

（2）常系数河流模型参数估计及正则化参数 μ 的影响

针对常系数河流模型中的平均流速 v_x、弥散系数 E_x、污染物的一级降解速率 K，应用梯度正则化算法联合识别的结果见表 5.1。

根据算法介绍，正则化参数 μ 的取值应合理，不能太大或太小，取值太大可能会导致辅助问题与原问题相差甚远；取值太小会把原问题的不适定性"继承"太多而难以处理，合理的正则化参数能使迭代过程快速收敛[108]，因此首先应考虑正则化参数 μ 的影响。取 $c(x, 1)$ 的数据作为观测数据，平均流速 v_x、弥散系数 E_x 和降解速率 K 的初值选为 (10, 6, 0.02)，求解精度 eps 取为 1×10^{-4} (1e-4)，Err 表示真值与重构值的欧几里得模数，I 代表迭代次数，表 5.1 是正则化参数 μ 影响的常系数模型参数重构的结果。从表中可以看出，正则化参数 μ 对于重构结果有一定的影响，当 $\mu = 1 \times 10^{-4}$ (1e-4) 时，平均流速 u_x、弥散系数 E_x 和降解速率 K 的重构结果与真值较为吻合，所以后续的迭代过程中正则化参数 μ 取 $\mu = 1 \times 10^{-4}$。

（3）初始值对模型参数重构的影响

表 5.2 为考虑初始值影响的参数识别结果。从表中数据可以看出，初始值对于

模型参数的反演结果影响不大。当选取偏差达到 50% 时，污染物的降解系数 K 与真值相当接近，相对误差仅为 0.7%；而当初始值偏差达到 100% 时，K 的反演误差为 8.6%，在允许的误差范围内，充分证明初始值对于梯度正则化算法反演模型参数影响较小。

表 5.1　正则化参数对重构结果的影响

μ	真解	重构值	Err	I
1	(2.0,5.0,0.015)	(2.2314,4.998,0.0142)	0.2325	984
0.1	(2.0,5.0,0.015)	(2.0226,4.998,0.0149)	0.0227	157
0.01	(2.0,5.0,0.015)	(2.0018,4.998,0.015)	0.0018	27
1×10^{-3}	(2.0,5.0,0.015)	(2.0,5.0,0.015)	9.0638×10^{-5}	3
1×10^{-4}	(2.0,5.0,0.015)	(2.0,5.0,0.015)	2.3666×10^{-5}	8
1×10^{-5}	(2.0,5.0,0.015)	(2.0,5.0,0.015)	4.7023×10^{-5}	8

表 5.2　初始值对重构结果的影响

选取依据	选取初值	$v_x/(km/h)$	$E_x/(km^2/h)$	K/h^{-1}	I
精确值 x^*	5.0,2.0,0.015	5.0	2.0	0.015	3
$x^*(1+20\%)$	6.0,2.4,0.018	5.0	2.0	0.015	8
$x^*(1-20\%)$	4.0,1.6,0.012	5.0	2.0	0.015	9
$x^*(1+50\%)$	7.5,3.0,0.0225	5.005	2.001	0.0151	11
$x^*(1-50\%)$	2.5,1.0,0.0075	5.002	2.003	0.0153	13
$x^*(1+100\%)$	10.0,4.0,0.030	5.010	2.050	0.0163	20

表 5.3　测量误差对反演参数的影响

模型参数	测量误差 $\delta/\%$	重构均值	I	均值相对误差/%	标准差	相对标准差/%
$v_x/(km/h)$	2	5.009	6	0.18	0.234	4.67
	5	5.0143	8	0.28	0.500	9.97
	10	5.091	10	1.82	0.779	15.3
	20	5.268	15	5.36	1.31	24.8
$E_x/(km^2/h)$	2	2.0258	6	1.29	0.455	22.5
	5	2.0516	8	2.58	0.538	26.2
	10	2.117	10	5.85	0.495	23.4
	20	2.061	15	3.05	0.953	46.2
K/h^{-1}	2	0.01501	6	0.07	0.0014	9.33
	5	0.01506	8	0.4	0.0026	17.3
	10	0.01515	10	10	0.0037	24.4
	20	0.0153	15	20	0.0055	36.7

（4）测量误差对模型参数识别的影响

由于实际观测中总是存在误差，为了更真实地重构模型参数，应当考虑不同测量误差对反演结果的影响。采用式(5.6)表示的含有测量误差的观测数据

$$c^{\delta}(x,T)=c(x,T)[1+\delta\times\mathrm{random}(x)]\tag{5.6}$$

当初始值取 $v_x=10\mathrm{km/h}$，$E_x=6.0\mathrm{km^2/h}$，$K=0.02\mathrm{h^{-1}}$，表 5.3 为试验 30 次的平均结果。

不同测量误差的常系数模型参数反演结果表明，当测量误差 δ 为 5% 时，重构污染物的降解速率 K 的均值相对误差为 0.4%，标准差为 0.0026；当测量误差 δ 为 20% 时，污染物的降解速率 K 反演结果的均值相对误差为 20%，标准差为 0.0055，反演结果在合理的范围内，而且迭代次数对于反演结果影响不大，因此，应用梯度正则化算法反演一维河流模型多项参数是非常有效的。

5.4.2　线性相关变系数河流模型的参数识别实例

对于天然河流，水质模型参数往往随地形地貌的不同而不断变化，而且参数之间可能存在耦合性。假设河道的平均流速为（如明渠渐变流）$v_x=ax+b$，依据费希尔的估算公式，弥散系数为河道平均流速的二次函数 $E_x=\chi u^2$[40]。如果平均流速函数已知，则需要估计的模型参数有 χ 和污染物的降解速率 K，污染模型中其他参数参考常系数河流模型。

假设河流流速 $v_x=0.2x+5$，系数 $\chi=0.08$，污染物的降解速率 $K=0.015$，应用隐式差分格式求解的结果见图 5.2。

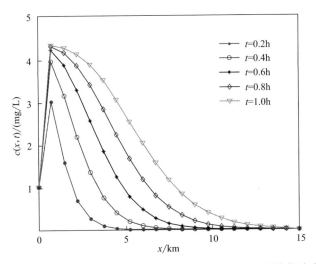

图 5.2　隐式差分格式计算的线性相关变系数模型的污染物浓度

（1）正则化参数 μ 对模型参数重构的影响

同样地，首先考虑正则化参数 μ 的影响。取 $c(x,1.0)$ 的污染物浓度分布数

据作为观测数据，参数 (χ, K) 的初始值取为 $(1, 0.2)$，表 5.4 是正则化参数 μ 影响的线性相关变系数模型 (χ, K) 的重构结果。从表中可以看出，变系数河流模型参数识别试验中，正则化参数 μ 对于重构结果几乎没有影响。

表 5.4 正则化参数对重构结果的影响

μ	真解	重构值	Err	I
100	$(0.08, 0.015)$	$(0.08, 0.015)$	8.685×10^{-8}	5
1	$(0.08, 0.015)$	$(0.08, 0.015)$	5.7984×10^{-7}	4
0.1	$(0.08, 0.015)$	$(0.08, 0.015)$	5.8968×10^{-7}	3
0.01	$(0.08, 0.015)$	$(0.08, 0.015)$	5.9076×10^{-7}	4
1×10^{-3}	$(0.08, 0.015)$	$(0.08, 0.015)$	5.9077×10^{-7}	3
1×10^{-4}	$(0.08, 0.015)$	$(0.08, 0.015)$	5.9078×10^{-7}	4
1×10^{-5}	$(0.08, 0.015)$	$(0.08, 0.015)$	5.9078×10^{-7}	4

（2）初始值的影响

当求解精度 eps 为 1×10^{-4}（1e−4），选择不同的初始值，线性相关变系数河流污染多项模型参数联合反演的结果见表 5.5。从表中可以得出，不同的初始值和迭代次数对反演结果的影响较小。究其原因可能是识别的参数 (χ, K) 本身数量级较小，对于重构结果影响不大。

表 5.5 初始值对识别结果的影响

选取的依据	选取的初值	χ	K/h^{-1}	迭代次数
精确值 x^*	0.08, 0.015	0.08	0.015	5
$x^*(1+20\%)$	0.096, 0.018	0.08	0.015	6
$x^*(1-20\%)$	0.064, 0.012	0.08	0.015	6
$x^*(1+50\%)$	0.12, 0.0225	0.0799	0.0151	8
$x^*(1-50\%)$	0.04, 0.0075	0.08	0.015	9
$x^*(1+100\%)$	0.16, 0.030	0.0798	0.0151	12
$x^*(1+200\%)$	0.24, 0.045	0.080	0.0152	23

（3）测量误差对模型参数识别的影响

由于实测数据不可避免地存在一定的测量误差，应用梯度正则化算法的迭代结果也会产生一定的偏差。选择初始值系数 $\chi = 0.12$，污染物降解速率 $K = 0.03\text{h}^{-1}$，表 5.6 为不同测量误差影响的数值结果。当测量误差取为 20% 时，估计参数的均值 $\chi = 0.0820$，$K = 0.1587\text{h}^{-1}$ 均值的相对误差分别为 2.5%、5.8%，标准差也较小，分别为 0.0062、0.0012，充分证明梯度正则化算法具有较高的稳定性，适合于天然河道污染水质模型参数估计。

表 5.6　测量误差对模型参数识别的影响

模型参数	测量误差 δ/%	重构均值	迭代次数	均值相对误差/%	标准差	相对标准差/%
χ	2	0.08003	5	0.038	0.0009	1.21
	5	0.08007	7	0.10	0.025	31.8
	10	0.08058	11	0.725	0.025	31.2
	20	0.0820	16	2.5	0.062	75.6
K/h^{-1}	2	0.0150		0.0	0.00046	3.06
	5	0.01545	7	3	0.0086	55.8
	10	0.01557	11	3.8	0.0119	76.4
	20	0.01587	16	5.8	0.012	78.1

5.4.3　线性无关变系数河流模型的参数识别实例

如果变系数河流模型参数之间不存在相关性，假设河流平均流速 $v_x = ax + b$，河流污染物的弥散系数 $E_x = cx^2 + dx + e$，污染物的降解速率 $K = 0.015$，求解精度 eps＝1e-4。线性无关变系数河流模型参数识别反问题即是确定一组系数＜a，b，c，d，e＞适合河流平均流速与污染物的弥散系数，使＜v_x，E_x＞满足河流水质模型的控制方程。

当重构多个模型参数时，采用固定的迭代步长 τ，无疑导致计算量增加，收敛速度减慢。为了解决多个模型参数联合重构时计算量较大、收敛速度较慢的问题，设计不同的步长 $\tau = [\tau_1, \tau_2, \tau_3, \tau_4, \cdots]$，对应与实函数空间 W 中的每一个元素进行迭代。表 5.7 为应用变步长的梯度正则化算法识别的模型参数结果，由表可以看出，河流平均流速 v_x 和污染物的弥散系数 E_x 均已被较好地识别。

（1）初始值对重构结果的影响

同时，表 5.7 列出了初始值影响的重构结果，从表中可以得到，初始值对反演结果的影响不大。

表 5.7　初始值对重构结果的影响

选取的依据	初始值 v_x	重构值 v_x	初始值 E_x	重构值 E_x	迭代次数
精确值 x^*	[0.40, 3.0]	[0.40, 3.0]	[0.016, 0.24, 0.90]	[0.016, 0.24, 0.90]	2
$x^*(1+20\%)$	[0.48, 3.6]	[0.40, 3.01]	[0.0192, 0.288, 1.08]	[0.016, 0.24, 0.902]	45
$x^*(1-20\%)$	[0.32, 2.4]	[0.40, 3.00]	[0.0128, 0.192, 0.72]	[0.016, 0.24, 0.905]	62
$x^*(1+50\%)$	[0.6, 4.5]	[0.40, 3.01]	[0.024, 0.36, 1.35]	[0.016, 0.241, 0.93]	81
$x^*(1+100\%)$	[0.8, 6.0]	[0.40, 3.02]	[0.032, 0.48, 1.80]	[0.0167, 0.244, 0.926]	123

（2）测量误差对重构结果的影响

同样地，考虑测量误差的影响。初值选为 $v_x=0.5x+5$，$E_x=0.02x^2+0.3x+1.0$，不同测量误差作用下河流平均流速和污染物的弥散系数的反演结果如图 5.3、图 5.4 所示。

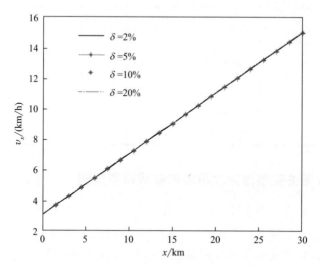

图 5.3　考虑测量误差时河流平均流速

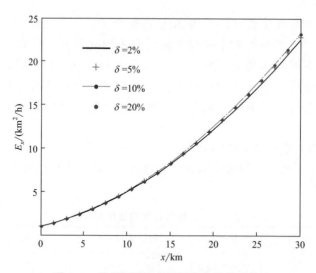

图 5.4　考虑测量误差时污染物扩散系数

从图中可以看出，测量误差的影响很小，当测量误差为 5% 时，河流平均流速 $v_x=0.399x+2.98$，污染物弥散系数 $E_x=0.0167x^2+0.243x+0.905$；当测量误差为 20% 时，平均流速 $v_x=0.398x+3.04$，弥散系数 $E_x=0.0171x^2+0.23x+0.915$，均与真实解 $v_x=0.4x+3.0$，$E_x=0.016x^2+0.24x+0.9$ 很接近，进一步

证明了变步长梯度正则化算法具有较高的稳定性，是一种有效的识别一维河流水质多项模型参数的方法。

5.5 变步长 GRM 联合重构一维空间分数阶对流-扩散方程多项模型参数

5.5.1 空间分数阶微分方程

经典的整数阶微积分是模拟和解释许多应用动力学行为强有力的工具，但是，自然界许多复杂系统的动力学特征并不符合整数阶导数模型，分数阶微分方程应运而生。早在 1695 年，分数阶导数就出现于 Leibniz 与 L′Hospital 的书信中。随后，许多数学家如 Euler、Laplace、Fourier、Riemann、Liouville 等，都对分数阶微积分进行了大量研究，并且取得了一些重要的研究成果。因此，近几十年来分数阶微积分在热传导、材料学、黏弹性力学、随机扩散理论和岩石的流变特性领域被广泛应用。在地下水环境污染中，许多研究者应用分数阶反常扩散模型计算的结果与实验测得的数据较为吻合。比如，Berkowitz 和 Scher[164]研究了均相多孔介质的不规则输运规律。Hatano[165]研究了微观模型中离子在均相介质中的吸收对流，研究结果发现离子吸收随机分布的幂次定律，这种不均匀的输运过程很好地解释了柱状试验中的拖尾现象。Benson[166]应用分数阶偏微分方程研究了三个微粒运动实验，阐释了微粒空间分布的拖尾现象。刘发旺团队[167~169]致力于研究变分数阶扩散模型的差分求解方法，并取得了一些开创性成果。

近 20 年来，分数阶偏微分方程开始受到国内学者的关注，也取得了一些研究成果。Lin[170]针对空间分数阶的非线性扩散方程建立了一种新的显式差分格式。马维元[171]提出了一种全隐的变阶分数阶扩散方程的差分格式，并应用能量不等式方法证明了所提全隐格式是无条件稳定的。Zhang[172]研究出了变时间分数阶扩散方程的一种新的数值解法。Zhuang[173]讨论了带有非线性源项的空间分数阶对流-扩散方程的数值解法。Chen[174]研究了不均匀介质中二维变分数阶扩散方程的数值解。郭柏灵[175]介绍了分数阶偏微分方程的理论分析以及数值计算。姜宝良[176]应用有限体积法模拟了流量边界条件下的分数微分对流弥散模型。常福宣[177]等应用非局域化处理方法，验证了分数阶对流弥散方程能更好地描述溶质在多孔介质中的弥散行为。其他有关分数阶偏微分方程的研究成果参见文献 [178]～[180]。

5.5.2 空间分数阶微分方程的反问题

鉴于适定性正问题的研究难度，众多研究者仅仅关注于应用有限差分法求解分数阶弥散方程的数值解问题。然而对于分数阶微分方程中的一些主要控制参数，通过试验较难测得，比如，与空间相关的分数阶数、非均匀性的弥散系数以及与外力有关的源项/汇项等。这就引发分数阶微分方程的反问题的研究。

魏婷团队[181~183]和李功胜团队[184~187]致力于时间和空间分数阶扩散方程的反问题研究，包括初值和边界条件反演、源项识别等。目前对于环境水力学领域，变分数阶扩散方程的反演问题研究较少。本论文针对空间分数阶对流-弥散方程的参数进行识别。

5.5.3 空间分数阶对流-扩散方程及离散

由于溶质在多孔介质中运移存在弥散的尺度效应，因此弥散系数不再是常数，而是随着运移距离的增加而增大，称这种扩散方式为反常扩散行为。沿主流方向，结合初边界条件，一维污染物迁移模型可用非稳定分数阶对流-扩散偏微分方程[98,188]表示

$$
\begin{cases}
\dfrac{\partial c(x,t)}{\partial t} + v\dfrac{\partial c(x,t)}{\partial x} - D\dfrac{\partial^{\beta} c(x,t)}{\partial x^{\beta}} + K(t)\alpha(x) = 0 & (x,t) \in \Omega = [0,L] \times [0,T] \\
c(0,t) = 0 & t \in [0,T] \\
c(L,t) = 0 & t \in [0,T] \\
c(x,0) = \phi(x) & x \in [0,L]
\end{cases}
$$

$$(5.7)$$

$$
\frac{\partial^{\beta} c(x,t)}{\partial x^{\beta}} =
\begin{cases}
\dfrac{1}{\Gamma(n-\beta)}\dfrac{\partial^{n}}{\partial x^{n}}\displaystyle\int_{0}^{x}(x-\xi)^{n-\beta-1}c(\xi,t)\mathrm{d}\xi & n-1 < \beta < n \\
\dfrac{\partial^{n} c(x,t)}{\partial x^{n}} & \beta \in N
\end{cases}
$$

$$(5.8)$$

式中　$c(x,t)$——测点 (x,t) 的污染物浓度，mg/L；

v——实际的渗流速度，m/s；

D——污染物沿 x 方向的弥散系数，m^2/s；

β——分数微分阶数，$1 < \beta \leqslant 2$；

$\dfrac{\partial^{\beta} c(x,t)}{\partial x^{\beta}}$——分数阶导数，可用 Riemann-Liouville 定义；

$K(t)\alpha(x)$——污染源（汇）项，mg/(L·s)；

$\phi(x)$——污染物初值。

由于分数阶的对流-扩散偏微分方程与经典的对流-扩散偏微分方程不同，下面着重介绍分数阶偏微分方程的离散化过程。首先对控制方程进行离散化，令 h 为空间步长，τ 为时间步长，$h=L/M$，$\tau=T/N$，$x_j=jh$，$j=0,1,\cdots,M$，$t_n=n\tau$，$n=0,1,\cdots,N$，$c(x_j,t_n)$ 用 c_j^n 代替，用改进的 Grunwald 公式代替 Riemann-Liouville 分数阶导数[187]。结合初边界条件，隐格式的差分方程表示为

$$
\begin{cases}
\dfrac{c_j^{n+1}-c_j^n}{\tau}+v\dfrac{c_j^{n+1}-c_{j-1}^{n+1}}{h}-D\dfrac{1}{\Gamma(-\beta)}\dfrac{1}{h^\beta}\sum_{k=0}^{j}\dfrac{\Gamma(k-\beta)}{\Gamma(k+1)}c_{j-k+1}^n+q_j^n=0\\[3mm]
c_j^0=\varphi(x_j)\\[2mm]
c_0^n=0\\[2mm]
c_M^n=0
\end{cases}
\tag{5.9}
$$

设 $w_k=\dfrac{\Gamma(k-\beta)}{\Gamma(-\beta)\Gamma(k+1)}$，$r_1=\dfrac{v\tau}{h}$，$s_1=\dfrac{D\tau}{h^\beta}$，$q_j^n=K(t_n)\alpha(x_j)$，则有

$$
-s_1w_0c_{j+1}^{n+1}+(1+r_1-s_1w_1)c_j^{n+1}-(r_1+s_1w_2)c_{j-1}^{n+1}+s_1\sum_{k=3}^{j}w_kc_{j-k+1}^{n+1}
$$
$$
=c_j^n+\tau q_j^{n+1}
\tag{5.10}
$$
$$
\boldsymbol{C}^{n+1}=(c_1^{n+1},\ c_2^{n+1},\ \cdots,\ c_M^{n+1})'
$$
$$
\boldsymbol{B}_5=(b_{ij})
$$
$$
\boldsymbol{C}^n=(c_1^n,\ c_2^n,\ \cdots,\ c_M^n)
$$
$$
b_{ij}=\begin{cases}
0 & j>i+1\\
-s_1w_0 & j=i+1\\
1-r_1+s_1w_1 & j=i,i=1,2,\cdots,M-2,j=1,2,\cdots,M-1\\
r_1+s_1w_2 & j=i-1\\
-s_1w_{i-j+1} & j<i+1
\end{cases}
\tag{5.11}
$$
$$
b_{ij}=\begin{cases}
-s_1w_{M-1} & i=M-1,j=1,2,\cdots,M-3\\
-r_1-s_1w_2 & i=M-1,j=M-2\\
1+r_1-s_1w_1 & i=M-1,j=M-1
\end{cases}
\tag{5.12}
$$

则有

$$
\boldsymbol{B}_5\boldsymbol{C}^{n+1}=\boldsymbol{C}^n+\tau\boldsymbol{q}^{n+1}
\tag{5.13}
$$

式中，$i=1,2,\cdots,M-1$；$j=1,2,\cdots,M-1$。

5.5.4　多项模型参数的识别结果

若方程（5.7）中 $K(t)=\mathrm{e}^{-t}$，$\alpha(x)=x$，初值 $\phi(x)=x(\pi-x)$，实际的渗流速度 $v=0.25\mathrm{m/s}$，污染物沿 x 方向的弥散系数 $D=0.01\mathrm{m^2/s}$，当 $M=100$，$N=50$，分数微分阶数 $\alpha=1.9$，利用方程（5.7）的解（见图 5.5）作为附加数据，应用梯度正则化算法重构地下水污染分数偏微分方程模型参数，其中 τ 为迭代步长，其他参数含义同上。

（1）正则化参数对重构结果的影响

初始值取为（1.0，1.0），不同正则化参数对算法的影响结果，见表 5.8。从

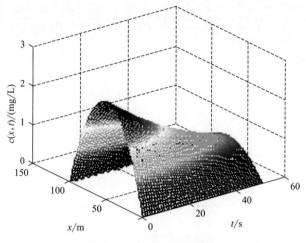

图 5.5　正问题的数值解

表可以看出，正则化参数 μ 对于重构结果有一定的影响，后续的迭代过程中正则化参数 μ 取 0.0001。

（2）初始值对识别结果的影响

取 $\mu=0.0001$，$\tau=[0.1,0.05]$，考察不同的初始值对梯度正则化算法的影响，重构结果见表 5.9。从表可以看出，初始值对于重构结果影响很小。

（3）分数微分阶数对识别结果的影响

取 $\mu=0.0001$，$\tau=[0.1,0.05]$，初始值选为（5，5），考察不同的分数微分阶数对反演结果的影响，见表 5.10。从表中可以看出，分数微分阶数 α 对于重构结果有一定的影响，当 α 趋于 2.0 时，所提算法收敛较快，并且求解误差较小。

表 5.8　正则化参数对重构结果的影响

μ	重构值	真解	Err	I
0.1	（0.2500，0.0100）	（0.25，0.01）	4.1635×10^{-4}	2000
0.01	（0.2500，0.0100）	（0.25，0.01）	4.0811×10^{-5}	343
1×10^{-3}	（0.2500，0.0100）	（0.25，0.01）	3.2914×10^{-6}	38
1×10^{-4}	（0.2500，0.0100）	（0.25，0.01）	1.1482×10^{-7}	8
1×10^{-5}	（0.2500，0.0100）	（0.25，0.01）	2.0636×10^{-8}	20

表 5.9　初始值的选取对重构结果的影响

初始值	重构值	真值	Err	I
（0.25，0.01）	（0.2500，0.0100）	（0.25，0.01）	2.7810×10^{-17}	2
（0.0，0.0）	（0.2500，0.0100）	（0.25，0.01）	3.2588×10^{-6}	50
（5.0，5.0）	（0.2500，0.0100）	（0.25，0.01）	3.4962×10^{-6}	53
（10.0，10.0）	（0.2500，0.0100）	（0.25，0.01）	3.4947×10^{-6}	59
（20.0，20.0）	（0.2500，0.0100）	（0.25，0.01）	3.7421×10^{-6}	90

表 5.10　分数微分阶数 α 对重构结果的影响

α	重构值	真值	Err	I
1.1	(0.2505,0.0101)	(0.25,0.01)	7.8747×10^{-5}	529
1.3	(0.2502,0.0106)	(0.25,0.01)	2.7804×10^{-5}	212
1.5	(0.2501,0.0102)	(0.25,0.01)	2.9291×10^{-5}	319
1.6	(0.2500,0.0100)	(0.25,0.01)	2.6392×10^{-5}	239
1.7	(0.2500,0.0100)	(0.25,0.01)	1.1460×10^{-5}	122
1.8	(0.2500,0.0100)	(0.25,0.01)	5.4269×10^{-6}	75
1.9	(0.2500,0.0100)	(0.25,0.01)	3.4962×10^{-6}	53

（4）测量误差对识别结果的影响

当初始值取为（1.0，1.0），测量误差对识别结果的影响见表 5.11。从表中可以分析得出，测量误差对于识别结果的影响不大，从而证明梯度正则化算法的稳定性较好。

表 5.11　测量误差对重构结果的影响

δ	重构值	真值	Err	I
0.01	(0.2542,0.0129)	(0.25,0.01)	0.0051	8
0.03	(0.2625,0.0188)	(0.25,0.01)	0.0153	7
0.05	(0.2706,0.0248)	(0.25,0.01)	0.0254	8
0.1	(0.2821,0.0617)	(0.25,0.01)	0.0769	10

5.6　GRM 重构一维时间分数阶对流-扩散方程的扩散系数

对于地下水环境污染问题，多数污染物的迁移输运过程不完全符合标准的整数阶的对流-扩散方程，而是存在比标准扩散更"缓慢"的扩散，即随着时间的推移，污染物的浓度分布呈现对称的拖尾现象，是一种"非菲克"扩散。因此应用整数阶的对流-扩散方程描述地下水污染物的迁移输运过程不能真实地反映实际的扩散过程，从而求助于时间分数阶的对流-扩散偏微分方程。下面针对一维时间分数阶对流-扩散方程进行离散格式的稳定性证明，应用 GRM 算法重构一维时间分数阶对流-扩散方程的扩散系数。

5.6.1　时间分数阶微分方程及离散

一维时间分数阶的对流-扩散方程是用 α 阶导数代替标准二阶对流-扩散方程中一阶时间导数得到的。考虑如下一维时间分数阶扩散方程

$$\begin{cases} \dfrac{\partial^{\alpha} c(x,t)}{\partial^{\alpha} t} = D\dfrac{\partial^{2} c(x,t)}{\partial x^{2}} & (x,t)\in\Omega=[0,L]\times[0,T] \\[3mm] \dfrac{\partial c(L,t)}{\partial x}=0 & t\in[0,T] \\[3mm] \dfrac{\partial c(0,t)}{\partial x}=0 & t\in[0,T] \\[3mm] c(x,0)=h(x) & x\in[0,L] \end{cases} \tag{5.14}$$

式中　α——时间微分分数阶，$0\leqslant\alpha\leqslant1$；

　　　D——扩散系数，$D>0$。

上述方程中的 $\dfrac{\partial^{\alpha} c(x,t)}{\partial^{\alpha}\partial t}$ 利用 Caputo 意义下的分数阶导数定义为

$$\begin{cases} \dfrac{\partial^{\alpha} c(x,t)}{\partial^{\alpha} t}=\dfrac{1}{\Gamma(1-\alpha)}\displaystyle\int_{0}^{t}\dfrac{\partial c(x,\gamma)}{\partial\gamma}\dfrac{d\gamma}{(t-\gamma)^{\alpha}} & 0<\alpha<1 \\[3mm] \dfrac{\partial c(x,t)}{\partial t} & \alpha=1 \end{cases} \tag{5.15}$$

设 $h=L/M$，表示空间步长，$\tau=T/N$，表示时间步长，$x_{j}=jh$，$j=0$，$1,\cdots,M$，$t_{n}=n\tau$，$n=0,1,\cdots,N$，$c(x_{j}, t_{n})$ 用 c_{j}^{n} 近代替，为了逼近二阶空间导数，在点 $t=t_{n+1}$ 用对称二阶差商逼近扩散项，用

$$\dfrac{\partial^{\alpha} c(x_{j}, t_{n+1})}{\partial t^{\alpha}}\approx$$

$$\dfrac{1}{\tau^{\alpha}\Gamma(2-\alpha)}\sum_{k=0}^{n}[c(x_{j}, t_{n+1-k})-c(x_{j}, t_{n-k})][(k+1)^{1-\alpha}-k^{1-\alpha}] \tag{5.16}$$

$$\dfrac{\partial^{2} c(x_{j}, t_{n+1})}{\partial t^{2}}\approx\dfrac{c(x_{j+1},t_{n+1})-2c(x_{j},t_{n+1})+c(x_{j-1},t_{n+1})}{h^{2}}$$

$$\tag{5.17}$$

设 c_{j}^{n} 是 $c(x_{j}, t_{n})$ 的数值近似值，可以得到

$$\sum_{k=0}^{n}(c_{j}^{n+1-k}-c_{j}^{n-k})[(k+1)^{1-\alpha}-k^{1-\alpha}]=\dfrac{D\tau^{\alpha}\Gamma(2-\alpha)}{h^{2}}(c_{j+1}^{n+1}-2c_{j}^{n+1}+c_{j-1}^{n+1})+F_{j}^{n+1}$$

$$\tag{5.18}$$

其中 $j=1,2,\cdots,M-1$ 设 $q_{1}=\dfrac{D\tau^{\alpha}\Gamma(2-\alpha)}{h^{2}}$，$h_{j}=h(x_{j})$ 则得到隐式差分格式

$$-q_{1}c_{j-1}^{n+1}+(1+2q_{1})c_{j}^{n+1}-q_{1}c_{j+1}^{n+1}=c_{j}^{n}-\sum_{k=1}^{n}(c_{j}^{n+1-k}-c_{j}^{n-k})[(k+1)^{1-\alpha}-k^{1-\alpha}]$$

$$\tag{5.19}$$

$$c_{j}^{0}=h_{j}, c_{0}^{n}=c_{1}^{n}, c_{M-1}^{n}=c_{M}^{n} \tag{5.20}$$

当 $n=0$ 时

$$-q_{1}c_{j-1}^{1}+(1+2q_{1})c_{j}^{1}-q_{1}c_{j+1}^{1}=c_{j}^{0} \tag{5.21}$$

当 $n>0$ 时

$$-q_1 c_{j-1}^{n+1} + (1+2q_1) c_j^{n+1} - q_1 c_{j+1}^{n+1} = (2-2^{1-\alpha}) c_j^n - \sum_{k=1}^{n-1} c_j^{n-k} [2(k+1)^{1-\alpha} -$$

$$k^{1-\alpha} - (k+2)^{1-\alpha}] + c_j^0 [(n+1)^{1-\alpha} - n^{1-\alpha}] \tag{5.22}$$

上述分量形式可以转换为矩阵形式

$$\begin{cases} AC^1 = C^0 \\ AC^{n+1} = a_1 C^n + a_2 C^{n-1} + \cdots + a_n C^1 + b_n C^0, n>0 \\ C^0 = h \end{cases} \tag{5.23}$$

其中 $C^n = (c_1^n, c_2^n, c_3^n, \cdots, c_{M-1}^n)'$, $a_k = 2k^{1-\alpha} - (k+1)^{1-\alpha} - (k-1)^{1-\alpha}$, $k=1,2,\cdots,n$, $h=(h_1,h_2,\cdots,h_M)'$, $b_n = (n+1)^{1-\alpha} - n^{1-\alpha}$, $n=1,2,\cdots,N-1$, $A=(a_{ij})$, 当 i, $j=1$, 2, $\cdots$, $M-1$ 时

$$(a_{ij}) = \begin{cases} 0 & j>i+1 \\ -q_1 & j=i+1 \\ -q_1 & j=i-1 \\ 0 & j<i+1 \end{cases} \tag{5.24}$$

当 $i=2,\cdots,M-2$ 时

$$a_{ii} = 1+2q_1, a_{11} = a_{M-1,M-1} = 1+2q_1 \tag{5.25}$$

下一小节将应用数学归纳法证明上述隐式差分格式的稳定性。

5.6.2 一维时间分数阶微分方程隐式差分格式的稳定性

假设 c_j^n 是方程(5.21) 和方程(5.22) 的近似解，则有误差 $\varepsilon_j^n = c(x_j, t_n) - c_j^n$ 满足

当 $n=0$ 时

$$-q_1 \varepsilon_{j-1}^1 + (1+2q_1) \varepsilon_j^1 - q_1 \varepsilon_{j+1}^1 = \varepsilon_j^0 \tag{5.26}$$

当 $n>0$ 时

$$-q_1 \varepsilon_{j-1}^{n+1} + (1+2q_1) \varepsilon_j^{n+1} - q_1 \varepsilon_{j+1}^{n+1} = (2-2^{1-\alpha}) \varepsilon_j^n - \sum_{k=1}^{n-1} \varepsilon_j^{n-k} [2(k+1)^{1-\alpha}$$

$$- k^{1-\alpha} - (k+2)^{1-\alpha}] + \varepsilon_j^0 [(n+1)^{1-\alpha} - n^{1-\alpha}] \tag{5.27}$$

即

$$\begin{cases} AE^{n+1} = f_1 E^n + f_2 E^{n-1} + f_3 E^{n-2} + \cdots + f_n E^1 + b_n E^0 \\ E^0 \end{cases} \tag{5.28}$$

其中 $E^n = \begin{bmatrix} \varepsilon_1^n \\ \varepsilon_2^n \\ \vdots \\ \varepsilon_{m-1}^n \end{bmatrix}$, $f_n = 2(k+1)^{1-\alpha} - k^{1-\alpha} - (k+2)^{1-\alpha}$, 因此应用数学归纳

法可以证明 $\| E^n \|_\infty \leqslant \| E^0 \|_\infty, n=1,2,3\cdots$

当 $n=1$ 时

$$-q_1\varepsilon^1_{j-1}+(1+2q_1)\varepsilon^1_j-q_1\varepsilon^1_{j+1}=\varepsilon^0_j \tag{5.29}$$

设 $|\varepsilon^1_j|=\max\limits_{1\leqslant j\leqslant m-1}|\varepsilon^1_j|$，则有

$$
|\varepsilon^1_j|\leqslant -q_1|\varepsilon^1_{j+1}|+(1+2q_1)|\varepsilon^1_j|-q_1|\varepsilon^1_{j-1}|\leqslant|-q_1\varepsilon^1_{j-1}+(1+2q_1)\varepsilon^1_j
$$
$$
-q_1\varepsilon^1_{j+1}|=|\varepsilon^0_j|\leqslant\|E^0\|_\infty \tag{5.30}
$$

因此 $\| E^1 \|_\infty \leqslant \| E^0 \|_\infty$。

当 $n=k$ 时都有 $\| E^k \|_\infty \leqslant \| E^0 \|_\infty$ 成立。

当 $n=k+1$ 时，设 $|\varepsilon^{k+1}_j|=\max\limits_{1\leqslant j\leqslant m-1}|\varepsilon^{k+}_j|$，则有

$$
|\varepsilon^{k+1}_j|\leqslant -q_1|\varepsilon^{k+1}_{j+1}|+(1+2q_1)|\varepsilon^{k+1}_j|-q_1|\varepsilon^{k+1}_{j-1}|
$$
$$
\leqslant|-q_1\varepsilon^{k+1}_{j-1}+(1+2q_1)\varepsilon^{k+1}_j-q_1\varepsilon^{k+1}_{j+1}|
$$
$$
\leqslant f_1|\varepsilon^k_j|+\sum_{k=1}^{n-1}f_{i+1}|\varepsilon^{n-k}_j|+|\varepsilon^0_j|[(n+1)^{1-\alpha}-n^{1-\alpha}]
$$
$$
\leqslant f_1\|E^n\|_\infty+\sum_{k=1}^{n-1}f_{i+1}\|E^{n-k}\|_\infty+\|E^0\|_\infty[(n+1)^{1-\alpha}-n^{1-\alpha}]
$$
$$
\leqslant\|E^0\|_\infty(f_1+\sum_{k=1}^{n-1}f_{i+1}+(n+1)^{1-\alpha}-n^{1-\alpha})=\|E^0\|_\infty \tag{5.31}
$$

因此有当 $n=k+1$ 时，$\| E^{n+1} \|_\infty \leqslant \| E^0 \|_\infty$。综上所述，由（5.21）和（5.22）式给出的隐式差分格式时无条件稳定的。

5.6.3　扩散系数的识别结果及分析

本小节用文献［68］的假想案例，应用梯度正则化算法 GRM 识别扩散系数 $D(x)$ 为常数和依赖于空间函数时的重构数值。

5.6.3.1　算例1

当扩散系数 $D(x)$ 为分段常函数时，设

$$
D(x)=\begin{cases}0.02 & 0\leqslant x\leqslant0.5\\1 & 0.5\leqslant x\leqslant1.0\end{cases} \tag{5.32}
$$

则上述模型参数反问题即是确定 $R=(\alpha,D)$ 满足方程组（5.32）

$$
\begin{cases}
\dfrac{\partial^\alpha c(x,t)}{\partial^\alpha t}=D(x)\dfrac{\partial^2 c(x,t)}{\partial x^2} & (x,t)\in\Omega=[0,1]\times[0,T]\\[3mm]
\dfrac{\partial c(L,t)}{\partial x}=0 & t\in[0,T]\\[3mm]
\dfrac{\partial c(0,t)}{\partial x}=0 & t\in[0,T]\\[3mm]
c(x,0)=x & x\in[0,1]
\end{cases} \tag{5.33}
$$

（1）考虑正则化参数 μ 对重构结果的影响

数值微分步长选取 $\tau = 0.01$，初始迭代值（0，0.95），时间分数阶数 $\alpha = 0.4$ 时，正则化参数 μ 对重构结果的影响见表5.12，数值结果表明正则化参数对参数重构结果有一定的影响：当 $0.01 > \mu > 0.0001$ 时，应用变步长梯度正则化算法重构模型参数结果较为有效；然而 $\mu \leqslant 0.0001$ 时，数值结果不收敛。因此后续的模型参数的重构过程中取 $\mu = 0.01$。

表 5.12　正则化参数对重构结果的影响

μ	重构值	真解	Err	I
0.1	(0.0200,0.9863)	(0.02,1.0)	0.2303	2654
0.01	(0.0200,1.0203)	(0.02,1.0)	2.0130×10^{-2}	562
0.001	(0.0200,0.9987)	(0.02,1.0)	0.3216	2651
1×10^{-3}	(0.0203,0.9456)	(0.02,1.0)	0.5612	3856
1×10^{-4}	发散			

（2）考虑时间分数阶数对重构结果的影响

当选取固定的数值微分步长 $\tau = 0.00001$，初始迭代值（0，0.4）时，时间分数阶数 α 对重构结果的影响见表5.13。

表 5.13　分数微分阶数 α 对重构结果的影响

α	重构值	真值	Err	I
0.2	(0.020,1.00)	(0.02,1.0)	3.1321×10^{-9}	54
0.3	(0.020,1.00)	(0.02,1.0)	1.7524×10^{-8}	49
0.4	(0.020,1.00)	(0.02,1.0)	1.5400×10^{-9}	51
0.5	(0.020,1.00)	(0.02,1.0)	1.4269×10^{-9}	49
0.6	(0.020,1.00)	(0.02,1.0)	2.2982×10^{-9}	47
0.7	(0.020,1.000)	(0.02,1.0)	5.5751×10^{-9}	45
0.8	(0.020,1.000)	(0.02,1.0)	7.3825×10^{-10}	44
0.9	(0.020,1.000)	(0.02,1.0)	1.7828×10^{-8}	42
1.0	发散			

从表5.13可以得出：$\alpha < 1.0$ 取值时，时间分数阶 α 对扩散系数的重构结果影响很小；$\alpha \geqslant 1.0$ 时，数值结果发散。因此，时间分数阶 $\alpha < 1.0$ 对重构结构的影响可以忽略。图5.6为时间分数阶数 $\alpha = 0.5$ 时扩散系数的真解和数值解的对比。

（3）考虑数值微分步长 τ 对重构结果的影响

当初值取为（0，0），时间分数阶数 $\alpha = 0.4$，数值微分步长 τ 对重构结果的影响见表5.14。当 $\tau \geqslant 0.07$ 时，重构结果发散，当 $\tau < 0.07$ 时，数值微分步长对重构结果影响较小。

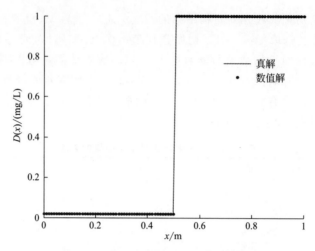

图 5.6 $\alpha = 0.5$ 时真解与数值解的对比

表 5.14 数值微分步长对重构结果的影响

τ	重构值	真解	Err	I
0.07	发散	(0.02,1.0)		
0.06	(0.0200,1.000)	(0.02,1.0)	8.9700×10^{-9}	53
0.05	(0.0200,1.000)	(0.02,1.0)	1.6236×10^{-9}	53
0.01	(0.0200,1.000)	(0.02,1.0)	5.8714×10^{-9}	50
0.001	(0.0200,1.000)	(0.02,1.0)	6.7074×10^{-10}	51
1×10^{-3}	(0.0200,1.000)	(0.02,1.0)	1.4280×10^{-9}	51
1×10^{-4}	(0.0200,1.000)	(0.02,1.0)	1.5652×10^{-9}	34

（4）考虑初始值对重构结果的影响

当正则化参数 $\mu = 0.01$，数值微分阶数 $\alpha = 0.4$，数值微分步长 $\tau = 0.001$ 时，不同初始值对参数识别结果的影响见表 5.15。由表可知，初始值对于模型参数的反演结果影响较大，不但迭代误差增大，而且迭代步长增大了许多，相应的计算耗时增加了。由此得出合理的初始值，可以相应地减少梯度正则化算法的依赖性，如何选取合理的初始值是梯度正则化算法成功应用的关键。

表 5.15 初始值的选取对重构结果的影响

初始值	重构值	真值	Err	I
(0.0,0.0)	(0.020,1.000)	(0.02,1.0)	6.7074×10^{-10}	52
(0.01,0.2)	(0.020,1.000)	(0.02,1.0)	1.4148×10^{-9}	51
(0.01,0.5)	(0.020,1.000)	(0.02,1.0)	6.4300×10^{-10}	64
(0.005,0.3)	(0.020,1.000)	(0.02,1.0)	6.6478×10^{-10}	35
(0.01,0.4)	(0.020,1.000)	(0.02,1.0)	6.6685×10^{-10}	59

5.6.3.2 算例2

设扩散系数为分段空间函数，$D(x) = \begin{cases} 1+0.5x & 0 < x < 0.5 \\ 2.0 & 0.5 < x < 1.0 \end{cases}$，初始函数 $h(x) = x$，则扩散系数 $D(x)$ 和时间分数阶 α 的反演问题即为确定一组 $<D(x)$，$\alpha>$ 满足下列方程组

$$\begin{cases} \dfrac{\partial^\alpha c(x,t)}{\partial^\alpha t} = D(x) \dfrac{\partial^2 c(x,t)}{\partial x^2} & (x,t) \in \Omega = [0,L] \times [0,T] \\[2mm] \dfrac{\partial c(L,t)}{\partial x} = 0 & t \in [0,T] \\[2mm] \dfrac{\partial c(0,t)}{\partial x} = 0 & t \in [0,T] \\[2mm] c(x,0) = x & x \in [0,L] \end{cases} \tag{5.34}$$

图 5.7 为 $t=1.0$ 时的数值解。

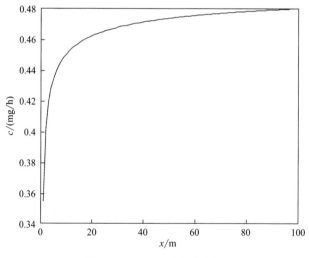

图 5.7　$t=1.0$ 时的数值解

若扩散系数 $D(x) \in \Phi^2 = \{1, x\}$ 为有限维空间函数，则扩散系数的真值为 $(1, 0.5, 2.0)$，应用梯度正则化算法重构的数值解为 $D^*(x) = (b_0^*, b_1^*, b_2^*)$，数值误差可表示为

$$Err = \mathrm{sqrt}[(b_0^* - 1)^2 + (b_1^* - 0.5)^2 + (b_2^* - 2.0)^2]/3 \tag{5.35}$$

（1）考虑正则化参数 μ 对重构结果的影响

数值微分步长选取 $\tau = 0.001$，初始迭代值 $(0, 0, 0)$，时间分数阶数时 $\alpha = 0.5$ 时，正则化参数 μ 对重构结果的影响见表 5.16，数值结果表明正则化参数对参数重构结果有一定的影响：当 $0.1 > \mu > 1 \times 10^{-4}$，应用变步长梯度正则化算法重构模型参数结果较为有效；然而 $\mu \leqslant 1 \times 10^{-4}$，数值结果不收敛。因此后续的模型

参数的重构过程中 $\mu = 1 \times 10^{-3}$。

表 5.16   正则化参数对重构结果的影响

μ	重构值	真解	Err	I
0.1	(0.998,0.5,2.0)	(1.0,0.5,2.0)	1.1380×10^{-4}	1617
0.01	(1.0,0.5,2.0)	(1.0,0.5,2.0)	1.1040×10^{-5}	225
0.001	(1.0,0.5,2.0)	(1.0,0.5,2.0)	9.6870×10^{-7}	39
1×10^{-3}	(1.0,0.5,2.0)	(1.0,0.5,2.0)	4.7733×10^{-8}	15
1×10^{-4}	(1.0,0.5,2.0)	(1.0,0.5,2.0)	5.1908×10^{-9}	12
1×10^{-5}	发散			

（2）考虑时间分数阶数对重构结果的影响

当选取固定的数值微分步长 $\tau = 0.01$，初始迭代值（0，0，0，0）时，时间分数阶数 α 对重构结果的影响见表 5.17。从表中可以得出：$\alpha < 1.0$ 取值时，对扩散系数的重构结果影响很小。因此，时间分数阶 α 对重构结构的影响可以忽略。图 5.8 为时间分数阶数 $\alpha = 0.5$ 时扩散系数的真解和数值解的对比。

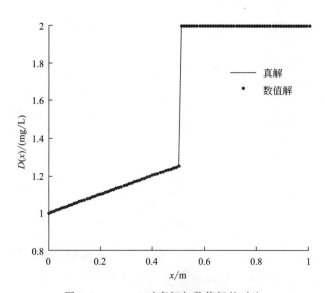

图 5.8 $\alpha = 0.5$ 时真解与数值解的对比

表 5.17   分数微分阶数 α 对重构结果的影响

α	重构值	真值	Err	I
0.2	(1.0,0.5,2.0)	(1.0,0.5,2.0)	4.9806×10^{-10}	38
0.3	(1.0,0.5,2.0)	(1.0,0.5,2.0)	1.7451×10^{-9}	34
0.4	(1.0,0.5,2.0)	(1.0,0.5,2.0)	2.1256×10^{-9}	31

α	重构值	真值	Err	I
0.5	$(1.0, 0.5, 2.0)$	$(1.0, 0.5, 2.0)$	9.6992×10^{-10}	29
0.6	$(1.0, 0.5, 2.0)$	$(1.0, 0.5, 2.0)$	2.5980×10^{-9}	27
0.7	$(1.0, 0.5, 2.0)$	$(1.0, 0.5, 2.0)$	1.8055×10^{-8}	25
0.8	$(1.0, 0.5, 2.0)$	$(1.0, 0.5, 2.0)$	7.9503×10^{-9}	24
0.9	$(1.0, 0.5, 2.0)$	$(1.0, 0.5, 2.0)$	4.9667×10^{-9}	23
1.0	发散			

（3）考虑数值微分步长 τ 对重构结果的影响

当初值取为 $(0, 0, 0, 0)$，时间分数阶数 $\alpha = 0.5$ 时，数值微分步长 τ 对重构结果的影响见表 5.18。当 $\tau \geqslant 0.5$ 时，重构结果发散，当 $\tau < 0.5$ 时，数值微分步长对重构结果影响较小。

表 5.18　数值微分步长对重构结果的影响

τ	重构值	真解	Err	I
0.5	发散	$(0.4, 1.0, 0.5, 2.0)$		
0.3	$(0.4, 1.0, 0.5, 2.0)$	$(0.4, 1.0, 0.5, 2.0)$	2.1194×10^{-7}	34
0.2	$(0.4, 1.0, 0.5, 2.0)$	$(0.4, 1.0, 0.5, 2.0)$	1.2149×10^{-7}	32
0.1	$(0.4, 1.0, 0.5, 2.0)$	$(0.4, 1.0, 0.5, 2.0)$	4.3905×10^{-8}	30
0.01	$(0.4, 1.0, 0.5, 2.0)$	$(0.4, 1.0, 0.5, 2.0)$	9.6992×10^{-10}	29
0.001	$(0.4, 1.0, 0.5, 2.0)$	$(0.4, 1.0, 0.5, 2.0)$	4.9378×10^{-10}	29
1×10^{-3}	$(0.4, 1.0, 0.5, 2.0)$	$(0.4, 1.0, 0.5, 2.0)$	4.863×10^{-10}	29
1×10^{-4}	$(0.4, 1.0, 0.5, 2.0)$	$(0.4, 1.0, 0.5, 2.0)$	4.7895×10^{-10}	29

（4）考虑初始值对重构结果的影响

当正则化参数 $\mu = 0.001$，数值微分阶数 $\alpha = 0.5$，数值微分步长 $\tau = 0.01$ 时，不同初始值对参数识别结果的影响见表 5.19。由表可知，初始值对于模型参数的反演结果影响较大，不但迭代误差增大，而且迭代步长增大了许多，相应的计算耗时增加了。由此得出合理的初始值，可以相应地减少梯度正则化算法的依赖性，如何选取合理的初始值，是梯度正则化算法成功应用的关键。

表 5.19　初始值的选取对重构结果的影响

初始值	重构值	真值	Err	I
$(0.0, 0.0, 0.2, 2.0)$	$(1.000, 0.500, 2.000)$	$(1.0, 0.5, 2.0)$	3.0737×10^{-9}	52
$(0.8, 0.6, 2.0)$	$(0.9825, 0.5977, 1.940)$	$(1.0, 0.5, 2.0)$	0.0580	1303

初始值	重构值	真值	Err	I
$(0.6, 0.2, 2.0)$	$(1.0254, 0.3586, 2.0984)$	$(1.0, 0.5, 2.0)$	0.0874	1641
$(0.9, 0.4, 2.0)$	$(1.0097, 0.4460, 2.0357)$	$(1.0, 0.5, 2.0)$	0.0327	1175
$(1.2, 0.6, 2.0)$	$(0.9910, 0.5506, 1.9678)$	$(1.0, 0.5, 2.0)$	0.0303	953

（5）考虑测量误差对扩散系数重构结果的影响

由于实测数据带有不可避免的测量误差，因此有必要考察测量误差对扩散系数识别结果的影响。考虑如式（5.36）的测量误差

$$c_T^\delta(x) = c(x, T) + \{[2 \times \text{random}(x)] - 1\} \cdot \delta \tag{5.36}$$

参数含义如前所述，表 5.20 为不同测量误差影响的数值结果。

表 5.20　测量误差对重构结果的影响

δ	重构值	真值	Err	I
0.01	$(1.002, 0.4998, 2.000)$	$(1.0, 0.5, 2.0)$	2.7082×10^{-4}	31
0.03	$(0.9693, 0.5230, 2.000)$	$(1.0, 0.5, 2.0)$	0.01952	26
0.05	$(0.9840, 0.5093, 2.000)$	$(1.0, 0.5, 2.0)$	0.0092	29
0.1	$(0.9554, 0.5159, 2.000)$	$(1.0, 0.5, 2.0)$	0.0237	25

从分段的扩散系数的识别结果得出，测量误差对于数值结果的影响整体来说较小，因此应用梯度正则化算法重构带有测量误差的扩散系数较为有效。

5.7　本章小结

针对河流污染模型的多项参数识别问题，本章应用梯度正则化算法求解。数值结果表明，不管是常系数河流模型还是线性相关的或无关的变系数河流模型，该算法均能有效地联合重构多项模型参数。此外，考察了正则化参数、初始值和测量误差的影响。模拟结果表明，上述三个影响因素对梯度正则化算法重构结果影响较小，进一步证明了梯度正则化算法是一种有效的重构河流水质污染模型参数的方法。

针对一维空间分数阶对流-扩散方程的参数识别问题，首先采用 Grunwald 公式建立了隐格式离散控制方程，然后构建一种变步长的梯度正则化算法识别模型参数。数值结果表明，所提算法能有效稳定地解决上述参数识别问题。此外，考察了正则化参数、初始值、分阶数和测量误差的影响。研究结果表明，初始值和测量误差对数值结果影响较小，而分阶数和正则化参数则对数值结果影响有一定的影响。如何选择合理的分阶数和正则化参数，是变步长梯度正则化算法下一步研究的工作重点。

对于一维时间分数阶的对流-扩散方程的参数识别问题，采用的隐格式离散控制方程，应用数学归纳法证明了上述隐格式是无条件稳定的，并应用两个假想的模型参数验证变梯度正则化算法的有效性，一个算例扩散系数时常函数，一个算例扩散系数为分段空间函数。此外考察了迭代正则化参数、初始值、微分阶数、微分步长和测量误差对数值结果的影响。研究结果表明，正则化参数和初始值对数值结果有一定的影响，微分步长和时间分数阶对反演结果的影响较小，因此针对时间分数阶的对流-扩散方程参数识别问题而言，如何选取合理的正则化参数和初始值是下一步的研究目标。

6

三种确定性算法的比较

第3章设计 Landweber 迭代识别了一维地下水溶质迁移输运方程的初值反问题；第4章应用 PRP 共轭梯度算法重构了一维地下水溶质迁移输运方程的源项反问题；第5章应用梯度正则化算法联合识别了一维河流污染迁移输运方程的多项参数，通过相应的数值实验验证，三种方法均有效地解决了相应的反问题。这三种确定性算法中哪一种算法更优越，适用范围更广？本章采用淄博沣水南部地区的地下水硫酸根平均入渗强度反演问题展开讨论。

6.1 Landweber 迭代算法重构一维地下水污染模型的污染源项

如前所述，应用 Landweber 迭代算法重构反问题时，首先应确定合理的正则化参数 α。不同的正则化参数的反演结果见图 6.1，从图中可以看出，当正则化参

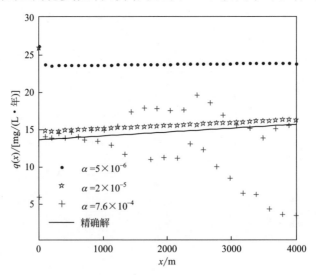

图 6.1　不同正则化参数的影响

数 $\alpha \geqslant 7.6 \times 10^{-4}$ 与 $\alpha < 5 \times 10^{-6}$ 时，迭代发散；当 $5 \times 10^{-6} < \alpha < 7.6 \times 10^{-4}$ 时，迭代收敛。因此，在后续的反演中正则化参数 α 取为 1×10^{-4}。

应用 Landweber 迭代重构的淄博地区地下水中硫酸根平均入渗强度和污染物浓度结果见图 6.2、图 6.3。从图中可以看出，经过 312 余次迭代，Landweber 迭代即反演出较为精确的污染源项强度，从而证明了应用 Landweber 迭代算法反演一维非稳态地下水污染源项是有效的。

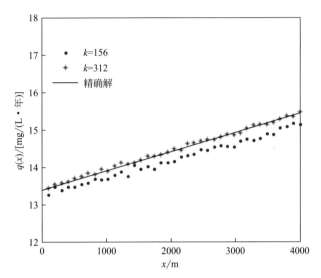

图 6.2　不同迭代次数的 Landweber 迭代结果

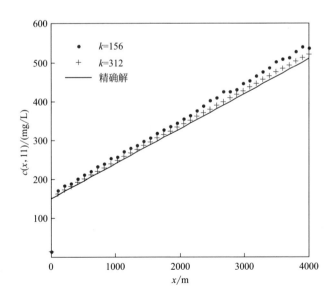

图 6.3　不同迭代次数的硫酸根浓度数值结果

图 6.4、图 6.5 为不同测量误差影响的硫酸根平均入渗强度和污染物浓度的重构结果：当测量误差为 2％时，源项强度的平均值为 14.469mg/(L·年)，计算平均误差为 4.36％；当测量误差为 5％时，源项强度的平均值为 15.071mg/(L·年)，计算平均误差为 4.52％，相比参考文献 [69] 的 4.18％要大。

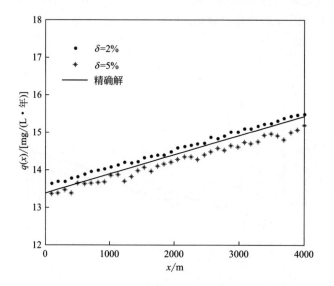

图 6.4　不同测量误差的 Landweber 迭代结果

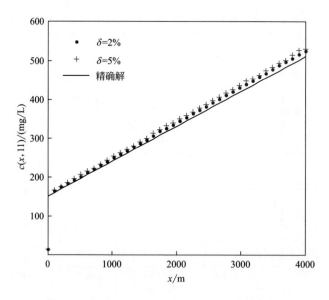

图 6.5　不同测量误差的硫酸根浓度的数值结果

污染物迁移输运模型参数的识别及应用研究

6.2 梯度正则化算法 GRM 重构一维地下水污染模型的污染源项

应用梯度正则化算法重构的淄博地下水硫酸根污染源项的结果见图 6.6，从图中可以看出，正则化参数 $\mu=0.1$ 时，反演结果较为精确。因此，在本小节数值运算中，正则化参数取为 0.1。

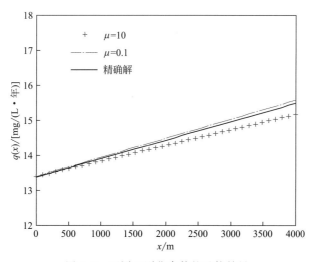

图 6.6　不同正则化参数的重构结果

表 6.1 为不同测量误差时的反演结果。当测量误差为 2% 时，源项强度的平均值为 14.525mg/(L·年)，计算误差为 0.531%；当测量误差为 10% 时，源项强度的平均值为 13.49mg/(L·年)，计算误差为 7.63%，比参考文献 [69] 的 4.18% 误差要大。考虑测量误差影响时，梯度正则化算法对于反演污染源项也是有效的。

表 6.1　不同测量误差的反演结果

污染源项	测量误差 δ/%	重构均值	迭代次数	相对误差/%
	2	14.525	38	0.531
$q(x)$	5	14.22	56	4.33
	10	13.49	89	7.63

6.3 三种确定性算法反演污染源项的对比

应用 Landweber 迭代、变步长梯度正则化算法与 PRP 共轭梯度算法重构淄博地区地下水中硫酸根源项的结果见图 6.7。在实际反演过程中，初始值取为 $q_0=16$mg/(L·年)，Landweber 迭代的正则化参数 α 为 1×10^{-4}，梯度正则化

算法正则化参数 μ 为 0.1。通过数值分析，应用 Landweber 迭代重构的结果 $q(x)=0.00456x+13.739$，与"真值"的平均相对误差为 1.9%；采用梯度正则化算法反演得到的源项为 $q(x)=0.00453x+13.355$，与"真值"的平均相对误差为 -0.8%；采用 PRP-CGM 反演得到的源项为 $q(x)=0.00426x+13.636$，与"真值"的平均相对误差为 0.71%。由此得出，针对源项识别反问题，相比 Landweber 迭代和梯度正则化算法，PRP 共轭梯度算法识别的数值结果精度相对较高，从而说明 PRP 共轭梯度算法比其他两种算法更适合于一维地下水污染源项识别反问题。

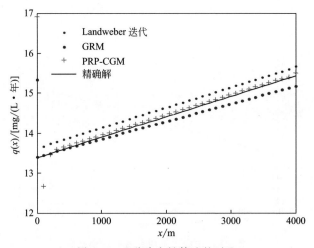

图 6.7 三种确定性算法的对比

考虑测量误差对污染源项的影响时，三种确定性算法重构的污染源项的数值结果见图 6.8，图 6.8 表现出了与图 6.7 类似的结论，即 PRP 共轭梯度算法反演的数值结果优于 Landweber 迭代和梯度正则化算法重构的结果。

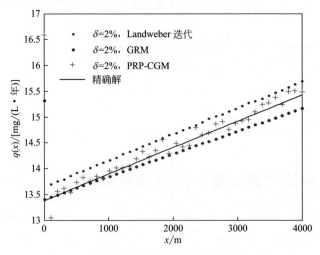

图 6.8 考虑测量误差影响时三种算法的对比

6.4　本章小结

　　本章应用淄博地区地下水污染源平均入渗强度实例对比了三种确定性算法，数值结果表明：针对一维地下水溶质迁移输运方程污染源项的识别问题，三种算法均能重构出稳定的污染源项。但相比起来，PRP 共轭梯度法具有更高的精度，因此，对于污染源项反问题，建议采用 PRP 共轭梯度算法。

7

变步长梯度正则化算法识别
污染物二维迁移输运的反问题

鉴于变步长梯度正则化算法编程简单，并具有精度高、收敛快、稳定性好的特点，本章应用变步长梯度正则化算法识别污染物二维迁移输运方程的源项反问题及参数识别反问题。

7.1 污染物二维迁移输运过程概述

在地下水突发污染事件或一些大型河流突发性事件中，由于污染物的扩散是沿纵横两个方向进行的，因此需要考虑污染物二维的扩散情况，污染物的二维迁移输运过程符合二维对流-扩散数学模型，因此，研究二维环境水力学反问题具有更重要的实际意义。

相比于污染物的一维迁移输运模型，污染物的二维迁移模型涉及因素更多，因此求解更难，许多研究者对于二维迁移输运的正问题研究较多，取得一些卓越的成果，而对于二维迁移输运模型的反问题研究得较少。徐敏[43]等人应用遗传算法估计河流的纵向、横向弥散系数及衰减系数，数值结果表明了应用遗传算法求解二维河流水质模型是可行的。陈亚文[189]应用贝叶斯推理估计有效地估计了二维非线性抛物型方程的参数。闵涛[190]采用拟牛顿法讨论了具有分段函数系数的二维抛物型方程的参数识别反问题。目前应用变步长梯度正则化算法研究二维环境水力学反问题的研究成果较少，本章采用该算法识别污染物二维迁移输运模型的源项反问题、参数识别反问题及混合反问题。

7.1.1 污染物二维迁移输运正问题

考虑一矩形水域，设水体沿 x、y 方向的水流速度分别为 v_x 和 v_y，污染物在 x、y 方向的弥散系数分别为 D_x 和 D_y，污染源项为 $q(x, y, t)$，初值条件为

$\phi(x,y)$，边值条件为 $f(x,y,t)$，忽略污染物的降解作用，则由质量守恒定律推导出污染物的二维迁移输运数学模型如下

$$
\begin{cases}
\dfrac{\partial c(x,y,t)}{\partial t}+v_x\dfrac{\partial c(x,y,t)}{\partial x}+v_y\dfrac{\partial c(x,y,t)}{\partial y}\\
=D_x\dfrac{\partial^2 c(x,y,t)}{\partial x^2}+D_y\dfrac{\partial^2 c(x,y,t)}{\partial y^2}+q(x,y,t) \quad (x,y)\in\Omega,t\in[0,T]\\
c(x,y,0)=\phi(x,y) \qquad\qquad\qquad\qquad\qquad (x,y)\in\overline{\Omega}\\
c(x,y,t)=f(x,y,t) \qquad\qquad\qquad\qquad\quad (x,y)\in\Gamma,t\in[0,T]
\end{cases}
$$

$$\tag{7.1}$$

若方程组（7.1）中水流速度 v_x、v_y，污染物的弥散系数 D_x、D_y，源项 $q(x,y,t)$，初值条件 $\phi(x,y)$ 以及边值条件 $f(x,y,t)$ 均已知，则上述问题为污染物迁移输运的正问题，可通过第 2 章中建立的 ADI 隐式差分格式预测污染物的时空分布。

7.1.2　污染物二维迁移输运反问题

事实上，方程组（7.1）中并非所有的参数都能精确地获得，可能有一些甚至无法获得。因此，这种情况由适定的正问题转化为不适定的反问题，即为污染物二维迁移输运的反问题。

若方程组（7.1）中源项 $q(x,y,t)$ 不确定，水流速度 v_x、v_y，污染物的弥散系数 D_x、D_y，初值条件 $\phi(x,y)$ 以及边值条件 $f(x,y,t)$ 均已知，方程组（7.1）则转化为源项识别反问题；若方程组（7.1）中水流速度 v_x，污染物的弥散系数 D_x、D_y 未知，而其他条件已知，则上述方程组则转化为污染物二维迁移输运的参数识别反问题；若方程组（7.1）中污染物的弥散系数 D_x、D_y 和源项 $q(x,y,t)$ 均未知，而其他条件均已知时，方程组（7.1）则转化为污染物二维迁移输运的混合反问题。

类似地，求解上述各种反问题，必须附加条件，一般是附加终端观测值。接下来应用变步长梯度正则化算法分别反演这三种类型的反问题。

7.2　变步长梯度正则化算法识别污染物二维迁移输运的源项反问题

7.2.1　算例 1

设一矩形水域，10m×10m，污染物的弥散系数为 $D_x=D_y=10\mathrm{m}^2/\mathrm{s}$，污染源项 $q(x,y,t)=2t-6x-6y-4$，相关数据引自文献 [124]，污染物的二维迁移输运的控制方程为

$$\begin{cases} \dfrac{\partial c}{\partial t} + v_x \dfrac{\partial c}{\partial x} + v_y \dfrac{\partial c}{\partial y} - \left(D_x \dfrac{\partial^2 c}{\partial x^2} + D_y \dfrac{\partial^2 c}{\partial y^2} \right) = q(x,y,t) & 0 < x,y < 10, 0 < t \leqslant 5 \\ c(x,y,0) = 1 + x^2 + y^2 & 0 < x,y < 10 \\ c(0,y,t) = 1 + y^2 + t^2, \quad c(10,y,t) = 2 + y^2 + t^2 & 0 \leqslant y \leqslant 10, 0 < t \leqslant 5 \\ c(x,0,t) = 1 + x^2 + t^2, \quad c(x,10,t) = 2 + x^2 + t^2 & 0 \leqslant x \leqslant 10, 0 < t \leqslant 5 \end{cases}$$

$$(7.2)$$

假设污染源项未知，但源项的表达形式已知：$q(x,y,t) = a_1 t + a_2 x + a_3 y + a_4$，其中 a_1、a_2、a_3、a_4 均为常数，利用 ADI 隐格式预测的污染物浓度分布作为附加条件，采用变步长梯度正则化算法识别的源项结果见表 7.1。

（1）正则化参数对识别结果的影响

初始值取为 (2.0, 1.0, 1.0, 1.0)，表 7.1 为考虑正则化参数影响的识别结果。从表中可以看出，当正则化参数 $\mu > 1 \times 10^{-2}$ 时，污染源项的重构结果精度较低，迭代时间较长；当正则化参数 $1 \times 10^{-7} < \mu < 1 \times 10^{-4}$ 时，反演结果精度较高，且反演速度较快。故在后续的反演过程中，正则化参数 $\mu = 1 \times 10^{-6}$。

表 7.1　正则化参数对反演结果的影响

μ	真解	重构值	Err	I	耗时
0.1	(2.0, −6.0, −6.0, −4.0)	(2.0, −6.0, −6.02, −3.86)	0.1356	340	309.120s
0.01	(2.0, −6.0, −6.0, −4.0)	(2.0, −6.0, −6.0, −4.0)	6.6724×10^{-6}	100	189.910s
0.001	(2.0, −6.0, −6.0, −4.0)	(2.0, −6.0, −6.0, −4.0)	4.8360×10^{-7}	18	34.702s
1×10^{-3}	(2.0, −6.0, −6.0, −4.0)	(2.0, −6.0, −6.0, −4.0)	2.1119×10^{-8}	7	13.596s
1×10^{-4}	(2.0, −6.0, −6.0, −4.0)	(2.0, −6.0, −6.0, −4.0)	2.0226×10^{-11}	5	9.949s
1×10^{-5}	(2.0, −6.0, −6.0, −4.0)	(2.0, −6.0, −6.0, −4.0)	4.2017×10^{-11}	4	7.967s
1×10^{-6}	(2.0, −6.0, −6.0, −4.0)	(2.0, −6.0, −6.0, −4.0)	5.2999×10^{-13}	3	6.073s

（2）初始值对识别结果的影响

对于确定性算法，一般要考虑初始值的敏感性，变步长梯度正则化算法也不例外。从表 7.2 中可以看出，初始值对于源项的重构结果影响很小，说明该算法对于初始值不敏感，具有较强的适用性。

表 7.2　源项的反演结果及初始值的影响

真值	初始值	重构值	I	Err	耗时
(2.0, −6.0, −6.0, −4.0)	(−2., −1.0, −1.0, 0)	(2.0, −6.0, −6.0, −4.0)	3	1.8578×10^{-12}	6.056s
	(0.0, 0.0, 0.0, 0.0)	(2.0, −6.0, −6.0, −4.0)	3	1.6788×10^{-12}	6.076s
	(2.0, 1.0, 1.0, 1.0)	(2.0, −6.0, −6.0, −4.0)	3	1.7233×10^{-11}	6.042s
	(5.0, 5.0, 6.0, 6.0)	(2.0, −6.0, −6.0, −4.0)	4	2.8583×10^{-12}	6.063s
	(10.0, 10.0, 10.0, 10.0)	(2.0, −6.0, −6.0, −4.0)	5	1.6004×10^{-11}	6.107s

（3）测量误差对识别结果的影响

表 7.3 为不同测量误差影响的识别结果，由表 7.3 分析得出，测量误差对于反演结果有一定的影响。

表 7.3　测量误差对识别结果的影响

源项系数	测量误差/%	重构均值		迭代次数	Err
$(2.0, -6.0,$ $-6.0, -4.0)$	2	$(2.06320, -6.1122$	$-5.96659, -3.9931)$	3	0.1364
	5	$(2.0884, -6.1577$	$-5.9371, -4.0011)$	9	0.1914
	10	$(2.1063, -6.2130$	$-5.9015, -4.1023)$	19	1.1177

7.2.2　算例 2

设方程组（7.3）中 $v_x = v_y = 0\text{m/s}$，$D_x = 1\text{m}^2/\text{s}$，$D_y = 1\text{m}^2/\text{s}$，$p(x, y, t) = x + y + t$，$q(x, y, t) = x^2 + y^2 + t^2$，应用 ADI 交替方向隐格式法求解结果见图 7.1。

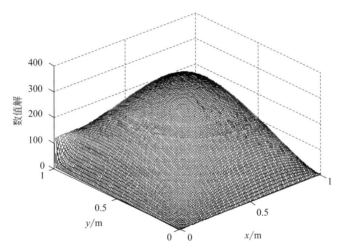

图 7.1　应用 ADI 交替方向隐格式求解的数值解

选取 $c(x, y, t) = c[x(10), y(10), t]$ 作为附加数值，应用变步长梯度正则化算法识别源项 $p(x, y, t) = a_1 x + a_2 y + a_3 t$ 的结果见表 7.4。

$$\begin{cases} \dfrac{\partial c}{\partial t} = \dfrac{\partial^2 c}{\partial x^2} + \dfrac{\partial^2 c}{\partial y^2} + (x+y+t)c + x^2 + y^2 + t^2 & 0 < x, y < 10, 0 < t \leqslant 5 \\ c(x, y, 0) = x^2 + y^2 & 0 < x, y < 10 \\ c(0, y, t) = y + t^3, \quad c(10, y, t) = y + t & 0 \leqslant y \leqslant 10, 0 < t \leqslant 5 \\ c(x, 0, t) = x + t, \quad c(x, 10, t) = 2 + x & 0 \leqslant x \leqslant 10, 0 < t \leqslant 5 \end{cases} \quad (7.3)$$

（1）正则化参数对识别结果的影响

初始值取为（0.0，0.0，0.0），数值结果见表7.4。从表中可以看出，当正则化参数 $1\times10^{-7}<\mu<1\times10^{-4}$ 时，反演结果精度较高，且反演速度较快。故在后续的反演过程中，正则化参数 $1\times10^{-7}<\mu<1\times10^{-4}$。

表7.4　考虑正则化参数影响的识别结果

μ	重构值	真解	Err	I	耗时
1	(1.0,1.0,1.0)	(1.0,1.0,1.0)	4.0604×10^{-5}	409	330.870s
0.1	(1.0,1.0,1.0)	(1.0,1.0,1.0)	3.7692×10^{-6}	56	45.133s
0.01	(1.0,1.0,1.0)	(1.0,1.0,1.0)	2.8604×10^{-7}	12	9.846s
0.001	(1.0,1.0,1.0)	(1.0,1.0,1.0)	2.9919×10^{-9}	7	5.068s
1×10^{-3}	(1.0,1.0,1.0)	(1.0,1.0,1.0)	2.2597×10^{-10}	6	3.382s
1×10^{-4}	(1.0,1.0,1.0)	(1.0,1.0,1.0)	5.6621×10^{-11}	5	3.165s
1×10^{-5}	(1.0,1.0,1.0)	(1.0,1.0,1.0)	1.6860×10^{-13}	3	3.230s
1×10^{-6}	(1.0,1.0,1.0)	(1.0,1.0,1.0)	3.1523×10^{-13}	3	3.025s

（2）初始值对识别结果的影响

表7.5为考虑初始值影响的数值结果，结果显示初始值对于重构结果影响很小，这说明变步长梯度正则化法对于初始值不敏感，具有较强的鲁棒性。

表7.5　考虑初始值影响的数值结果

真值	初始值	重构值	I	Err	耗时
(1.0,1.0,1.0)	(-5.0,-2.0,-1.0)	(1.0,1.0,1.0)	4	1.5292×10^{-9}	3.390s
	(0.0,0.0,0.0)	(1.0,1.0,1.0)	4	2.2597×10^{-10}	3.425s
	(1.0,1.0,1.0)	(1.0,1.0,1.0)	1	0	0.973s
	(2.0,2.0,2.0)	(1.0,1.0,1.0)	3	2.2636×10^{-10}	3.464s
	(5.0,5.0,6.0)	(1.0,1.0,1.0,)	4	8.6527×10^{-10}	3.410s
	(10.0,10.0,10.0)	(1.0,1.0,1.0,)	5	2.0371×10^{-9}	3.382s

（3）测量误差对识别结果的影响

从表7.6可以看出，测量误差对于反演结果有一定的影响。由于原始测量误差的扩散导致源项系数的预测值产生较大的误差，因此，测量误差对于变步长梯度正则化算法反演的结果有一定的影响。

表7.6　测量误差的影响

源项系数	$\delta/\%$	重构均值	迭代次数	Err
(1.0,1.0,1.0)	2	(0.9182 1.0004,1.0089)	4	0.0826
	5	(1.1230,1.0127,1.2321)	14	0.6587
	10	(1.1063,1.0037,1.0797)	25	0.7437

7.3 变步长梯度正则化算法识别污染物二维迁移输运的多项模型参数

7.3.1 二维地下水污染物迁移输运方程弥散系数的识别

若方程（7.2）中弥散系数 D_x 和 D_y 未知，其他条件已知，则为多项参数的联合重构反问题。当初始值取为（0.0，0.0），正则化参数为 1×10^{-4} 时，弥散系数 D_x 和 D_y 的反演结果见表 7.7。从表中可以看出，不同弥散系数的"真值"，经过 10 余次的迭代，弥散系数均被很好地识别，从而证明了变步长梯度正则化算法收敛速度较快，迭代精度较高。

表 7.7　弥散系数的反演

弥散系数	真值	反演值	迭代次数 I
(D_x, D_y)	(5.0，5.0)	(5.000，5.000)	10
	(7.0，7.0)	(7.000，7.000)	12
	(10.0，10.0)	(10.000，10.000)	13
	(15.0，15.0)	(15.000，15.000)	16

（1）正则化参数 μ 对数值结果的影响

污染物弥散系数的"真值"$D_x = D_y = 10 \text{m}^2/\text{s}$，初始值取为（5，5），表 7.8 为考虑不同正则化参数影响的弥散系数的识别结果。从表可以看出，对于污染物二维迁移输运的弥散系数的识别过程，正则化参数 μ 对于识别结果几乎没有影响。

表 7.8　正则化参数 μ 对重构结果的影响

μ	重构值	真解	Err	I
10	(10.000，10.000)	(10.0，10.0)	1.342×10^{-9}	7
1	(10.000，10.000)	(10.0，10.0)	-7.149×10^{-8}	5
0.1	(10.000，10.000)	(10.0，10.0)	3.049×10^{-10}	5
0.01	(10.000，10.000)	(10.0，10.0)	2.679×10^{-10}	6
0.001	(10.000，10.000)	(10.0，10.0)	2.739×10^{-8}	6
1×10^{-3}	(10.000，10.000)	(10.0，10.0)	2.736×10^{-8}	6
1×10^{-4}	(10.000，10.000)	(10.0，10.0)	2.0226×10^{-11}	6

（2）初始值对识别结果的影响

当正则化参数取为 1×10^{-4}，弥散系数的"真值"取 $D_x = D_y = 10 \text{m}^2/\text{s}$，表 7.9 为考虑初始值影响的弥散系数的反演结果。从表中可以得出，初始值对于变步长梯度正则化算法识别污染物二维迁移输运方程的弥散系数几乎没有影响。

（3）测量误差对识别结果的影响

表 7.9　考虑初始值影响的数值结果

弥散系数	初始值	真值	反演值	迭代误差	迭代次数 I
(D_x,D_y)	(0.0,0.0)	(10.0,10.0)	(10.000,10.000)	-0.2305×10^{-8}	12
	(2.0,2.0)	(10.0,10.0)	(10.000,10.000)	0.1019×10^{-8}	5
	(5.0,3.0)	(10.0,10.0)	(10.000,10.000)	0.1038×10^{-9}	5
	(5.0,5.0)	(10.0,10.0)	(15.000,15.000)	-0.3471×10^{-8}	5

初始值取为 (2.0，2.0)，弥散系数 "真值" $D_x=D_y=10\mathrm{m}^2/\mathrm{s}$，表 7.10 为不同测量误差的影响结果。当测量误差 δ 为 5% 时，重构的扩散系数 D_x 和 D_y 的相对误差为 3.09% 和 4.33%；当测量误差 δ 为 10% 时，重构的扩散系数 D_x 和 D_y 的相对误差为 8.34% 和 7.12%。由此说明，测量误差对于反演结果是有影响的，总体上相对误差小于 10.55%，是可以接受的，从而证明了变步长梯度正则化算法具有较好的稳定性和较强的鲁棒性。

表 7.10　考虑测量误差影响的结果

弥散系数	测量误差 δ/%	重构均值	迭代次数	相对误差/%
D_x	2	10.0556	6	0.56
	5	10.3089	9	3.09
	10	10.8344	19	8.34
	15	11.0218	30	10.22
D_y	2	10.0247	6	0.247
	5	10.4328	9	4.33
	10	10.7121	19	7.12
	15	11.0555	30	10.55

此外，本节还研究了弥散系数 D_x 和 D_y 取值不同时的情况（见表 7.11），数值结果与弥散系数 D_x 和 D_y 取值相同时类似，充分证明变步长梯度正则化算法对于识别污染物二维迁移输运模型参数是非常有效的。

表 7.11　不同弥散系数的反演结果

弥散系数	初始值	真值	反演值	迭代误差	迭代次数 I
(D_x,D_y)	(0.0,5.0)	(1.0,10.0)	(1.000,10.000)	3.3054×10^{-11}	9
	(0.0,5.0)	(5.0,2.0)	(5.000,2.000)	8.2403×10^{-11}	8
	(0.0,5.0)	(2.0,8.0)	(2.000,8.000)	8.2048×10^{-12}	9
	(0.0,5.0)	(1.0,12.0)	(1.000,12.000)	2.7042×10^{-11}	9

7.3.2　二维地下水污染物迁移输运方程多项模型参数联合识别

（1）问题描述

设工厂一排污管道发生泄漏，瞬时泄漏量 m 为 10kg。假设含水层厚度 h_1

为5m，土壤为各向异性的均质多孔介质，土层具有均匀稳定的渗流速度 $v_x=0.1\text{m/d}$，稳定的污染物弥散系数 $D_x=2\text{m}^2/\text{d}$，$D_y=0.1\text{m}^2/\text{d}$，此问题来源于参考文献［191］，则污染物的迁移输运过程可视为具有瞬时污染源的二维迁移输运过程。

（2）数学模型

$$\frac{\partial c}{\partial t}=D_x\frac{\partial^2 c}{\partial x^2}+D_y\frac{\partial^2 c}{\partial y^2}-v_x\frac{\partial c}{\partial x} \tag{7.4}$$

初始条件为

$$c(x,y,0)=0，且\int_{-\infty}^{+\infty}\int_{-\infty}^{\infty}h_1 c\,\mathrm{d}x\,\mathrm{d}y=m \tag{7.5}$$

边界条件为

$$\lim_{x\to\pm\infty}c(x,y,t)=0 \qquad t>0 \tag{7.6}$$
$$\lim_{y\to\pm\infty}c(x,y,t)=0 \qquad t>0$$

取泄漏点为坐标原点，x 方向与水流方向一致，方程（7.4）～（7.6）构成了二维地下水对流-扩散正问题，利用二维 Fourier 变换可得解析解

$$c(x,y,t)=\frac{m/h_1}{4\pi t\sqrt{D_x D_y}}\exp\left[-\frac{(x-v_x t)^2}{4D_x t}-\frac{y^2}{4D_y t}\right] \tag{7.7}$$

（3）正问题的数值结果

应用 ADI 交替隐格式求解的半年后、一年后以及两年后污染物的空间分布见图 7.2～图 7.4。从图中可以看出，随着扩散时间的推移，瞬时污染源的中心沿流动方向逐渐向下游移动，而且扩散范围逐渐增大，污染物浓度逐渐降低。

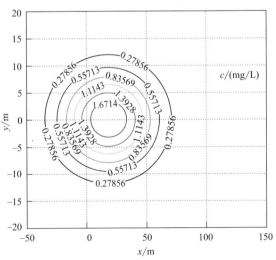

图 7.2　半年后污染物浓度分布

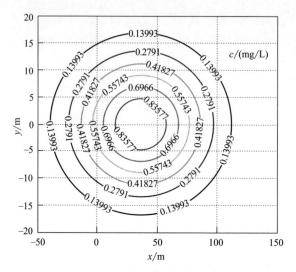

图 7.3 一年后污染物浓度分布

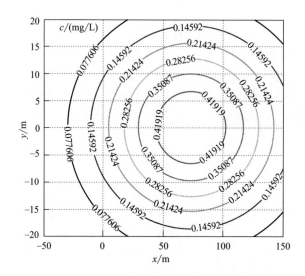

图 7.4 两年后污染物浓度分布

（4）多项模型参数的识别结果

利用污染物两年后的时空分布 $c(x, y, 2)$ 作为附加数据，识别污染物的弥散系数 D_x、D_y 及渗流速度 v_x，这就构成了二维地下水多项模型参数的联合识别问题。下面应用变步长梯度正则化算法进行求解，弥散系数的重构结果为 $D_x = 1.998 \text{m}^2/\text{d}$，$D_y = 0.1 \text{m}^2/\text{d}$，渗流速度的结果为 $v_x = 0.101 \text{m}/\text{d}$，与"真值"吻合得较好。

7.3.3 二维河流污染物迁移输运方程多项模型参数的联合识别

为了进一步验证变步长梯度正则化算法的有效性，本小节应用非稳态二维河流污染事故模型的参数识别问题进行检验。

（1）数学模型

不考虑污染物降解和污染源项，方程组（7.2）中的第一个方程可简化为

$$\frac{\partial c}{\partial t}+v_x\frac{\partial c}{\partial x}+v_y\frac{\partial c}{\partial y}=D_x\frac{\partial^2 c}{\partial x^2}+D_y\frac{\partial^2 c}{\partial y^2}$$
$$0\leqslant x\leqslant50,0\leqslant y\leqslant20,0\leqslant t\leqslant5 \tag{7.8}$$

设模型参数为 $v_x=1\text{m/s}$，$v_y=0.1\text{m/s}$，$D_x=1\text{m}^2/\text{s}$，$D_y=10\text{m}^2/\text{s}$，污染物在水域 $[0,50]\times[0,20]$ 中迁移扩散。通过 Fourier 变换，结合初边界条件，方程（7.8）的精确解为

$$c(x,y,t)=\frac{1}{1+t}\exp\left[-\frac{(x-v_x t-0.5)^2}{D_x(1+t)}-\frac{(y-v_y t-0.5)^2}{D_y(1+t)}\right] \tag{7.9}$$

（2）参数识别反问题

当污染事故发生后，通过（7.9）式可以预测水体中污染物浓度的时空分布，但前提是河流中的水体流速 v_y、弥散系数 D_x 和 D_y 均已知。而实际的水体流速 v_y、弥散系数 D_x 和 D_y 往往很难精确地获得，因此上述问题转化为河流污染的多项模型参数识别反问题。

求解上述反问题，通常附加某一截面上有限个测点的污染物浓度值

$$c(L_{\text{obs}},y,t)=c_{20}(y,t) \tag{7.10}$$

结合初边界条件，方程（7.8）和方程（7.10）构成了适定的参数识别反问题。此模型在文献［5］中应用全时空 MQ 函数方法研究了污染源的排放历史。

（3）数值结果

根据方程（7.9）求得初值条件 $c(x,y,0)$，边值条件 $c(0,y,t)$、$c(50,y,t)$、$c(x,0,t)$ 等以及观测数据 $c(20,y,t)$，应用变步长梯度正则化算法联合识别一组参数 $\langle v_y,D_x,D_y\rangle$ 使之满足方程（7.8）和方程（7.10）。

图 7.5 为方程（7.9）的解析解，当正则化参数 $\mu=1\times10^{-6}$，初始值取为

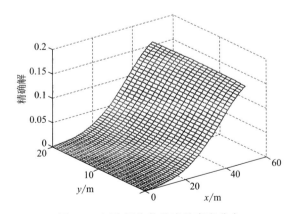

图 7.5　河流污染物浓度的真实分布

(2.0，2.0，1.0)，历时 92.293s，水体流速和弥散系数的重构结果为（0.1，1.0，10.0），$Err=9.5447\times10^{-9}$，图 7.6 为采用重构参数时的污染物浓度的分布，与真实解较为吻合，从而证明变步长梯度正则化算法对于污染物二维迁移输运模型的参数识别是有效的。

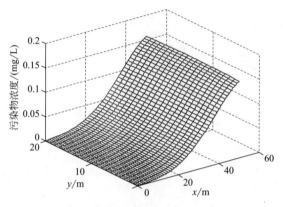

图 7.6　河流污染物浓度的二维分布

7.4　变步长梯度正则化算法识别污染物二维迁移输运的混合反问题

针对 7.2.2 节算例，若控制方程的弥散系数 D_x、D_x 与源项 $q(x，y，t)$ 均未知，则方程就构成了二维对流-扩散模型参数和源项的联合识别反问题。取正则化参数 $\mu=1\times10^{-4}$，初始值为（0.0，0.0，0.0，0.0，0.0），附加当 $D_x=D_y=5\mathrm{m}^2/\mathrm{s}$，$q(x，y，t)=t-2x-3y$ 时正问题的解作为终端观测数据，应用变步长梯度正则化算法识别的结果见表 7.12。从表中分析得出，所提算法不但能较快较好地识别多项模型参数，而且表现出了初始值不敏感性。

表 7.12　初始值对多项模型参数重构的影响

参数	初始值	真值	重构值	迭代误差	迭代次数 I
$(D_x，D_y$ $a_1，a_2，$ $a_3)$	(0.0，0.0，0.0，0.0，0.0)	(5.0，5.0，1.0，2.0，3.0)	(5.0，5.0，1.0，2.0，3.0)	4.6892×10^{-9}	14
	(2.0，2.0，0.0，3.0，4.0)	(5.0，5.0，1.0，2.0，3.0)	(5.0，5.0，1.0，2.0，3.0)	2.5154×10^{-9}	9
	(10.0，10.0，5.0，1.0，3.0)	(5.0，5.0，1.0，2.0，3.0)	(5.0，5.0，1.0，2.0，3.0)	2.4991×10^{-9}	7
	(8.0，8.0，-2.0，-3.0，5.0)	(5.0，5.0，1.0，2.0，3.0)	(5.0，5.0，1.0，2.0，3.0)	2.0802×10^{-8}	8

（1）不同真值的反演结果

为了验证上述算法的有效性，反演不同的"真值"，具体的反演结果见表 7.13。从表中分析得到，尽管"真值"取值不同，反演值仍然与真值较为吻合，证明了变步长梯度正则化算法的可靠性。

表 7.13　不同真值的识别结果

模型参数	真值	重构值	迭代次数 I
$(D_x, D_y$ $a_1, a_2,$ $a_3)$	$(1.0, 1.0, 1.0, 1.0, 1.0)$	$(1.0, 1.0, 1.0, 1.0, 1.0)$	11
	$(5.0, 5.0, 1.0, 2.0, 3.0)$	$(1.0, 2.0, 3.0, 4.0, 5.0)$	14
	$(1.0, 5.0, 2.0, 3.0, -2.0)$	$(1.0, 5.0, 2.0, 3.0, -2.0)$	16
	$(10.0, 1.0, 0, 2.0, 4.0,)$	$(10.0, 1.0, 0, 2.0, 4.0)$	16

（2）测量误差对识别结果的影响

从表 7.14 考虑测量误差影响的反演结果中看出，测量误差对于多项参数联合识别结果有一定的影响：当测量误差 $\delta = 10\%$ 时，弥散系数的反演结果为 $D_x = 5.055$、$D_y = 5.0158$，源项重构值为 $q(x, y, t) = 1.0788t - 2.1560x - 3.1079y$，平均相对误差 4.89%，比有关的参考文献要小，充分说明变步长梯度正则化算法对于二维迁移输运方程多项模型参数识别是可行有效的。

表 7.14　考虑测量误差影响的反演结果

模型参数	真值	测量误差	重构均值	平均相对误差/%
$(D_x, D_y$ $a_1, a_2,$ $a_3)$	$(5.0, 5.0,$ $1.0, 2.0,$ $3.0)$	$\delta = 2\%$	$(5.0056, 5.0016, 1.0079, 1.9771, 3.0109)$	0.109
		$\delta = 5\%$	$(5.0252, 5.0072, 1.0361, 1.9371, 3.0494)$	0.68
		$\delta = 10\%$	$(5.0550, 5.0158, 1.0788, 2.1560, 3.1079)$	4.89
		$\delta = 15\%$	$(5.2300, 5.0657, 13321, 2.3275, 3.1351)$	11.28

7.5　本章小结

针对污染物二维迁移输运模型中的反问题，本章设计了变步长梯度正则化算法进行识别。在污染物二维迁移输运过程的源项识别中，应用两个算例检验算法的有效性。数值结果表明，所提算法对于二维迁移输运的源项反演是有效的。此外，重点分析了正则化参数、初始值以及测量误差对识别结果的影响，研究结果表明，变步长梯度正则化算法对于识别二维污染源项反问题是稳定有效的。

针对污染物二维迁移输运过程的多项参数识别反问题，设计了变步长梯度正则化算法识别地下水与河流污染模型的弥散系数 D_x、D_y 和水体速度 v_y。数值结果表明，所提算法能够快速有效地求解多项模型参数识别反问题。同时，着重分析了正则化参数、初始值和测量误差的影响。数值试验结果表明，正则化参数和初始值对识别结果影响较小，而测量误差对反演结果有一定的影响，不过影响值在可接受范围内。

对于污染物二维迁移输运过程的混合反问题，设计变步长梯度正则化算法进行识别。数值结果表明，污染物的弥散系数 $D_x = 5\text{m}^2/\text{s}$、$D_y = 5\text{m}^2/\text{s}$ 以及污染源项 $q(x,y,t) = t - 2x - 3y$ 均被较好地识别。此外，考虑不同真值与测量误差的影响，数值结果表明，所提算法不但能较快较好地识别多项模型参数，而且表现出了初始值不敏感性和较高的稳定性。

8

结论与展望

8.1 结论

本论文设计了 Landweber 迭代、PRP 共轭梯度算法和变步长梯度正则化算法，系统地研究了一维的、二维的地下水与河流污染迁移输运的初值反问题、源项反问题和参数估计反问题，为环境水力学反问题的研究提供了一些新的研究思路和方法，本章总结以上研究成果，得出一些研究结论。

（1）依据质量守恒定律推导出了污染物迁移输运的对流-扩散数学模型，应用有限差分方法离散一维对流-扩散方程，采用交替方向隐格式 ADI 离散二维对流-扩散方程，应用能量不等式分别证明了显式差分格式是条件稳定的；隐式、Crank-Nicolson 格式和 ADI 隐式差分格式是无条件稳定的，为后续污染物迁移输运方程反问题的求解打下良好的基础。

（2）设计了一种新的迭代算法——Landweber 迭代重构一维地下水污染事件的初值反问题。该算法是一种以合适迭代步长求解二次泛函极小值的最速下降法，适用于求解反问题，应用纯扩散实例和对流-扩散实例验证其有效性。同时，考虑正则化参数、初始值及测量误差对识别结果的影响。对流-扩散实例初值反演的数值结果表明，当正则化参数取为 1.9，迭代 50 余次，Landweber 迭代即反演出了精度较高的初值，与真值吻合较好，从而证明了 Landweber 迭代算法是一种非常有效的求解一维地下水污染初值反问题的方法。

然而 Landweber 迭代算法存在一些不足。若正则化参数取值得当，Landweber 迭代算法能快速有效地逼近真值，反之则不然。因此，如何选择合适的正则化参数是该算法亟需解决的问题。

（3）应用 PRP 共轭梯度算法识别了一维地下水污染源项反问题。应用淄博地区地下水硫酸根入渗浓度反演实例检验所提算法，并分析了初始值和测量误差对污染源项识别结果的影响。研究结果表明：当测量误差分别为 2% 和 5% 时，污染源项的反演结果与真值的计算误差较小，分别为 2.271% 和 3.102%；

初始值 $q_0 = 16\text{mg}/(\text{L}\cdot\text{年})$ 时的反演结果比初始值 $q_0 = 0\text{mg}/(\text{L}\cdot\text{年})$ 时的反演结果误差要大，从而证明了当初始值选择合理时，PRP 共轭梯度算法能反演出精度较高的硫酸根平均入渗强度。

为了消除 PRP 共轭梯度算法对初始值的依赖，本书耦合遗传算法和 PRP 共轭梯度算法，设计出了一种全局寻优、局部搜索能力强且反演精度高的混合算法 HM。在对淄博地区地下水硫酸根平均入渗强度的反演过程中，混合算法 HM 表现出了较高的稳定性和较好的鲁棒性。

（4）引入变步长梯度正则化算法识别了一维河流溶质迁移输运的多项参数。以常系数河流模型、线性相关和线性无关的变系数河流模型的平均流速 v_x、弥散系数 E_x 以及污染物的一级降解速率 K 参数识别为例，检验上述算法的有效性。研究结果表明，所提算法能有效地解决一维河流污染迁移输运的多项模型参数的联合重构问题。

针对非均匀介质中的 non-Fickian 扩散现象，采用经典整数阶的对流-扩散方程很难描述正确，为更真实地描述非均匀介质中地下水迁移输运过程，本论文建立了一维地下水空间分数阶溶质迁移输运方程，应用变步长梯度正则化算法联合重构分数阶溶质迁移输运方程的多项模型参数。此外分析了分数微分阶数、正则化参数、测量误差及初始值的影响。研究结果表明，当正则化参数取 1×10^{-4}、分数阶数趋于 2.0 时，变步长的梯度正则化算法能快速有效地重构出一维分数阶地下水溶质迁移输运方程的多项模型参数。

针对一维时间分数阶对流-扩散偏微分方程，应用 Grunwald 公式建立了隐格式离散控制方程，构建一种梯度正则化算法识别扩散系数与时间分数阶，数值结果表明合理的初始值及正则化参数，梯度正则化算法能有效地重构模型参数。

（5）采用淄博地区地下水中硫酸根强度识别问题对比了上述三种确定性算法，数值结果表明：当初始值为 $q_0 = 16\text{mg}/(\text{L}\cdot\text{年})$，应用 Landweber 迭代重构的污染源项与"真值"的平均相对误差为 1.9%；采用变步长梯度正则化算法反演的源项与"真值"的平均相对误差为 -0.8%；采用 PRP-CGM 反演的源项与"真值"的平均相对误差为 0.71%，显然，PRP 共轭梯度算法反演结果具有更高的精度。因此，对于一维地下水污染迁移输运方程的源项识别问题，建议优先采用 PRP 共轭梯度算法。

（6）为了拓展环境水力学反问题研究领域，本论文提出了应用变步长梯度正则化算法识别污染物二维迁移输运过程的反问题。针对污染物二维迁移输运的源项识别反问题，当正则化参数取为 $1\times10^{-7} < \mu < 1\times10^{-4}$ 时，所提算法反演速度较快、反演结果精度较高，而且初始值和测量误差对数值结果影响不大。对于污染物二维迁移输运的弥散系数 D_x 和 D_y 的联合重构问题，变步长梯度正则化算法表现出了较好的数值表现：经过 10 余次迭代即可得出精度较高的数值结果，并且正则化参数和初始值对于污染物弥散系数的重构结果影响较小，测量误差的影响也在可接受范围内。

在上述研究基础上，本书应用变步长梯度正则化算法进一步联合识别了二维污染物迁移输运的混合反问题（包括源项和模型参数），并应用实例检验算法的有效性。此外，探讨了初始值与测量误差对识别结果的影响。数值结果表明，污染物的弥散系数 $D_x=5m^2/s$、$D_y=5m^2/s$ 以及污染源项 $q(x,y,t)=t-2x-3y$ 均被较好地识别，变步长梯度正则化算法不但能较快较好地识别混合反问题，而且表现出了初始值不敏感性和较高的稳定性。

8.2　创新点

本书以一维和二维的地下水和河流污染物的迁移输运过程为研究对象，以确定性算法为基础，系统地研究了污染初值、污染源项和参数识别反问题，取得了一些积极的研究成果，具体创新点如下。

（1）针对一维地下水的污染初值反问题，设计了一种新的迭代算法——Landweber 迭代进行识别，同时考虑了初值本身的连续与不连续性的影响，以及正则化参数与测量误差对数值结果的影响，指出了 Landweber 迭代算法的不足之处。

（2）针对一维地下水污染的源项识别反问题，设计了 PRP 共轭梯度算法，数值结果表明该算法是一种有效的污染源项识别方法。然而，通过分析实际案例的数值结果，发现 PRP 共轭梯度算法对于初始值比较敏感，为了消除所提算法对初始值的敏感性，本书耦合了遗传算法和 PRP 共轭梯度算法，探索出了一种新的有效的混合算法 HM，并成功应用于淄博地区地下水硫酸根平均入渗强度反演中。

（3）引入梯度正则化算法求解了一维河流污染多项模型参数的联合重构问题，并用常系数、线性相关与线性无关的变系数河流污染模型实例检验所提算法的有效性，同时讨论了正则化参数、初始值及测量误差的影响。

此外，对于 non-Fickian 扩散现象的一维空间分数阶溶质迁移输运参数识别问题，本书设计了变步长梯度正则化算法进行求解。类似地，探讨了分数阶数、正则化参数、初始值以及测量误差的影响，并用实际案例检验该算法的有效性和稳定性。

（4）针对二维河流和地下水溶质迁移输运的源项、参数识别及混合反问题，采用稳定性好、收敛速度快的变步长梯度正则化算法求解。同时考察了正则化参数、初始值以及测量误差的影响，并通过几个实例反演验证了，所提算法能有效地解决污染物二维迁移输运的源项反问题、参数识别反问题及混合反问题。

8.3　展望

环境水力学反问题研究方兴未艾，在后续研究过程中，还有一些问题有待于进一步探讨。

（1）本书主要采用有限差分方法离散一维的、二维的对流-扩散偏微分方程，有限差分方法，对于规则的区域较为适用，对于复杂的区域，则适应性较差。在后续的研究中，考虑采用物理意义明确、满足守恒性的有限体积法对污染物的迁移输运方程进行离散求解。

（2）虽然本书设计了 Landweber 迭代重构了污染初值反问题，探索了 PRP 共轭梯度和混合算法解决污染源项识别反问题，提出了变步长梯度正则化算法求解了一维的和二维的溶质迁移输运的源项识别及多项参数联合识别反问题，但都是针对规则的计算区域，对于不规则的边界条件，这些算法是否适用，有待于进一步验证。

（3）本书采用的 Landweber 迭代算法、PRP 共轭梯度算法和变步长梯度正则化算法都属于确定性算法，都是用邻近的适定问题去逼近不适定的原问题，容易出现对初始值敏感，或是收敛于局部最优解等问题；而随机性算法，比如遗传算法、模拟退火法、神经网络法等，通常全局搜索能力强、随机性较高。如何将高效的随机性算法与确定算法相结合，减小确定性算法对初始值的依赖，提高确定性算法的效率，开发通用性较强、稳定较高的混合算法是下一步研究的重点。

（4）本书只对一维的和二维的污染物迁移输运过程中初值、污染源项及模型参数进行识别，而关于三维的污染物迁移输运的反问题没有涉及。对于三维的环境水力学反问题，应结合实际现场非均质、各向异性的 non-Darcian 和 non-Fickian 的现状，加强野外试验，建立合理的数学模型，借助可视化软件（MODFLOW、GMS、ANSYS、ADINA、FLUENT 等）进行反演，才能正确地把握三维污染物的迁移输运规律。

参 考 文 献

[1] 金忠青. 流体力学反问题：从预测到控制. 河海大学科技情报，1989，9（1）：1-12.

[2] 陈卫东. 多波地震——海上石油勘探的新技术. 中国海上油气（地质），1999，13（5）：3-5.

[3] Qiu Jane. China Faces up to Groundwater Crisis. Nature，2010，466（7304）：308-308.

[4] 李竞生，姚磊华. 含水层参数识别方法. 北京：地质出版社，2003.

[5] 李子. 基于 GST-MQ 配点法的突发水污染事故反演模型研究. 北京：清华大学，2010.

[6] 丁贤荣，徐健，姚琪，等. GIS 与数模集成的水污染突发事故时空模拟. 河海大学学报（自然科学版），2003，31（2）：203-206.

[7] 侯国祥，郑文波，叶闽，等. 一种河流中突发污染事故的模拟模型. 环境科学与技术，2003，26（2）：9-10，15.

[8] 李佳，曹飞凤，杜光潮. 基于 GIS 的钱塘江水质预警预报系统研究. 浙江水利科技，2008，158（4）：65-68.

[9] 李如忠. 河流水环境系统不确定性问题研究. 南京：河海大学博士学位论文，2004.

[10] 郭琳，蔡固平，曾光明. 二维随机水质模型在模拟污染带中的应用. 中南大学学报（自然科学版），2004，35（4：）：573-576.

[11] 徐艳红，陈小龙，张万顺，等. 华容河治理前后水量水质耦合模拟研究. 人民长江，2013，44（13）：77-75，80.

[12] Zhang W S，Zhao Y X，Xu Y H，et al. 2-D Numerical Simulation of Radionuclide Transport in the Lower Yangtze River. Journal of Hydrodynamics，Ser B，2012，24（5）：702-710.

[13] Wang S L，Zhang W S，Zeng Z L，et al. Research on Pollutant Diffusion Regularity near Sewage Outlet Areas in Caidian Reach of Hanjiang River，China. Freseninus Environmental Bulletin，2014，23（8）：1832-1839.

[14] 赖锡军，姜加虎，黄群，等. 鄱阳湖二维水动力和水质耦合数值模拟. 湖泊科学，2011，23（6：）：893-902.

[15] Sun N Z. Inverse Problems in Groundwater Modeling. New York，USA：Springer Science & Business Media，2013.

[16] Harbaugh A W. MODFLOW-2005，Virginia，USA：the US Geological Survey Modular Ground-water Model：the Ground-Water Flow Process. US Department of the Interior，US Geological Survey Reston，2005.

[17] Wu Y. Parameter Identification of a Leakage Aquifer System in Daqing Region of China Using Model of Coupled FEM and Kalman Filter. Communications in Numerical Methods in Engineering，2005，21（11）：675-690.

[18] Anderson M P，Woessner W W，Hunt R J. Applied Groundwater Modeling：Simulation of Flow and Advective Transport. Elsevier. 2015.

[19] 陈媛华. 河流突发环境污染事件源项反演及程序设计. 哈尔滨：哈尔滨工业大学，2011.

[20] 李玉梁，李玲. 环境水力学的研究进展与发展趋势. 水资源保护. 2002，（1）：1-6.

[21] Beck J V，Blackwell B，Clair Jr C R S. Inverse Heat Conduction：Ill-posed Problems. New York：James Beck，1985.

[22] 肖庭廷，于慎根，王彦飞. 反问题的数值解法. 北京：科学出版社，2003.

[23] 金忠青，陈夕庆. 用脉冲谱-优化法求解对流扩散方程源项控制反问题. 河海大学学报，1992，20（2）：1-8.

[24] Ani E C，Avramenko Y，Kraslawski A，et al. Identification of Pollution So-urces in the Romanian Somes River Using Graphical Analysis of Concentration Profiles. Asia-Pacific Journal of Chemical Engi-

neering. 2011，6（5）：801-812.

［25］ Atmadja J，Bagtzoglou A C. Pollution Source Identification in Heterogeneous Porous Media. Water Resources Research. 2001，37（8）：2113-2125.

［26］ Borah T，Bhattacharjya R K. Solution of Source Identification Problem by Using GMS and MATLAB. ISH Journal of Hydraulic Engineering. 2013，19（3）：297-304.

［27］ Li G S，Tan Y J，Yao D，et al. A non-linear Mathematical Model for an Undisturbed Soil-column Experiment and Source Parameter Identification. Inverse Problems in Science and Engineering. 2008，16（7）：885-901.

［28］ Li G S，Yao D，Yang F G. An Inverse Problem of Identifying Source Coefficient in Solute Transport. Journal of Inverse and Ill-posed Problems. 2008，16（1）：51-63.

［29］ Li G S，Gu W，Jia X. Numerical Inversions for Space-dependent Diffusion Coefficient in the Time Fractional Diffusion Equation. Journal of Inverse and Ill-posed Problems. 2012，20（3）：339-366.

［30］ Alapati S，Kabala Z. Recovering the Release History of a Groundwater Contaminant Using a Non-linear Least-squares Method. Hydrological Processes. 2000，14（6）：1003-1016.

［31］ William W-G Yeh. Review：Optimization Methods for Groundwater Modeling and Management. Hydrogeology Journal. 2015，23（6）：1051-1065.

［32］ Beck M. B. Water Quality Modeling：A Review of the Analysis of Uncertainty. Water Resource Research. 1987，23（8）：1393-1442.

［33］ Wagner B J，Gorelick S M. Optimal Groundwater Quality Management under Parameter Uncertainty. Water Resources Research. 1987，23（7）：1162-1174.

［34］ Chu W，Strecker E W，Lettenmaier D P. An Evaluation of Data Requirements for Groundwater Contaminant Transport Modeling. Water Resources Research. 1987，23（3）：408-424.

［35］ Mishra S，Parker J C. Parameter Estimation for Coupled Unsaturated Flow and Transport. Water Resources Research. 1989，25（3）：385-396

［36］ 闵涛，周孝德. 河流水质纵向弥散系数反问题的迭代算法. 水动力学研究与进展（A 辑），2003，18（05）：547-552.

［37］ Whitley D. A Genetic Algorithm Tutorial. Statistics and Computing. 1994，4（2）：65-85.

［38］ 闵涛，周孝德，张世梅，等. 对流扩散方程源项识别反问题的遗传算法. 水动力学研究与进展（A 辑）. 2004，19（4）：520-524.

［39］ 王宗志，金菊良，张玲玲，等. 改进的 AGA 在河流水质模型参数优化中的应用. 合肥工业大学学报（自然科学版）. 2004，27（12）：1515-1519.

［40］ 朱嵩，毛根海，刘国华. 基于 FVM-HGA 的河流水质模型多参数识别. 水力发电学报. 2007，26（6）：91-95.

［41］ Long Y Q，Wu C Y，Wang J P. The Influence of Estimated Pollution Range on the Groundwater Pollution Source Identification Method Based on the Simple Genetic Algorithm. Applied Mechanics and Materials. 2014，587：836-841.

［42］ Aral M M，Guan J，Maslia M L. Identification of Contaminant Source Location and Release History in Aquifers. Journal of hydrologic engineering. 2001，6（3）：225-234.

［43］ 徐敏，曾光明，谢更新，等. 基于实码遗传算法的河流水质模型的参数估计. 湖南大学学报（自然科学版）. 2004，31（05）：41-45.

［44］ Jha M K，Datta B. Simulated Annealing Based Simulation-optimization Approach for Identification of Unknown Contaminant Sources in Groundwater Aquifers. Desalination and Water Treatment. 2011，32（1-3）：79-85.

［45］ Prakash O，Datta B. Characterization of Groundwater Pollution Sources with Unknown Release Time

History. Journal of Water Resource and Protection. 2014，6（4）：337-350.

［46］ Singh R M，Datta B. Groundwater Pollution Source Identification and Simultaneous Parameter Estimation Using Pattern Matching by Artificial Neural Network. Environmental Forensics. 2004，5（3）：143-153.

［47］ Datta B，Chakrabarty D，Dhar A. Identification of Unknown Groundwater Pollution Sources Using Classical Optimization with Linked Simulation. Journal of Hydro-Environment Research. 2011，5（1）：25-36.

［48］ Van Der Perk M. Soil and Water Contamination. Boca Paton：CRC Press，2013.

［49］ Van Der Perk M，Bierkens M F. The Identifiability of Parameters in a Water Quality Model of the Biebrza River，Poland. Journal of Hydrology. 1997，200（1-4）：307-322.

［50］ 朱嵩. 基于贝叶斯推理的环境水力学反问题研究. 杭州：浙江大学，2008.

［51］ Wagner B J. Simultaneous Parameter Estimation and Contaminant Source Characterization for Coupled Groundwater Flow and Contaminant Transport Modelling. Journal of Hydrology. 1992，135（1-4）：275-303.

［52］ Boano F，Revelli R，Ridolfi L. Source Identification in River Pollution Problems：A Geostatistical Approach. Water Resources Research. 2005，41（7）：1-13.

［53］ 裴相斌，赵冬至. 基于 GIS-SD 的大连湾水污染时空模拟与调控策略研究. 遥感学报. 2000，4（2）：118-124.

［54］ Alapati S，Kabala Z. Recovering the Release History of a Groundwater Contaminant Using a Non-linear Least-squares Method. Hydrological processes. 2000，14（6）：1003-1016.

［55］ Bagtzoglou A C，Atmadja J. Marching-jury Backward Beam Equation and Quasi-reversibility Methods for Hydrologic Inversion：Application to Contaminant Plume Spatial Distribution Recovery. Water Resources Research. 2003，39（2）：1038-1052.

［56］ Bagtzoglou A C，Atmadja J. Mathematical methods for Hydrologic Inversion：The Case of Pollution Source Identification. Springer，Water Pollution. 2005：65-96.

［57］ Gurarslan G，Karahan H. Solving Inverse Problems of Groundwater-pollution-source Identification Using a Differential Evolution Algorithm. Hydrogeology Journal. 2015，23（6）：1109-1119.

［58］ Wang S，Chiou J，Liu C. Non-smooth/non-convex Economic Dispatch by a Novel Hybrid Differential Evolution Algorithm. IET Generation，Transmission & Distribution. 2007，1（5）：793-803.

［59］ Sayah S，Zehar K. Modified Differential Evolution Algorithm for Optimal Power Flow with Non-smooth Cost Functions. Energy Conversion and Management. 2008，49（11）：3036-3042.

［60］ Ma K，Yan P，Dai W. A Hybrid Discrete Differential Evolution Algorithm for Dynamic Scheduling in Robotic Cells. 2017 13th International Conference on Service Systems and Service Management. 2016.

［61］ Bedekar V，Morway E D，Langevin C D，et al. MT3D-USGS Version 1：A US Geological Survey Release of MT3DMS Updated with New and Expanded Transport Capabilities for Use with MODFLOW. US Geological Survey，2016.

［62］ 闵涛，卢宏鹏，杨晓莉，等. 二维变系数抛物型方程参数反演的摄动量算法. 科技通报. 2010，26（2）：282-287.

［63］ Mao X Z，Li Z. Least-square-based Radial Basis Collocation Method for Solving Inverse Problems of Laplace Equation from Noisy Data. International Journal for Numerical Methods in Engineering. 2010，84（01）：1-26.

［64］ Li Z，Mao X Z. Global Space－time Multiquadric Method for Inverse Heat Conduction Problem. International Journal for Numerical Methods in Engineering. 2011，85（3）：355-379.

［65］ Li Z，Mao X Z. Global Multiquadric Collocation Method for Groundwater Contaminant Source Identification. Environmental Modelling & Software. 2011，26（12）：1611-1621.

［66］ 李功胜，王孝勤，高希报. 地下水污染强度反演的数值方法. 地下水. 2004，24（02）：101-102，122.

［67］ 李功胜，谭永基，王孝勤. 确定地下水污染强度的反问题方法. 应用数学. 2005，18（01）：92-98.

［68］ 谷文娟. 时间分数阶对流-扩散方程反问题研究. 淄博：山东理工大学，2011.

［69］ 范小平，李功胜. 确定地下水污染强度的一种改进的遗传算法. 计算物理. 2007，24（02）：187-191.

［70］ Gorelick S M. A Review of Distributed Parameter Groundwater Management Modeling Methods. Water Resources Research. 1983，19（2）：305-319.

［71］ Gorelick S M，Evans B，Remson I. Identifying Sources of Groundwater Pollution：an Optimization Approach. Water Resource Research. 1983，19（3）：779-790.

［72］ Guo L，Murio D. A Mollified Space-marching Finite-different Algorithm for the Two-dimensional Inverse Heat Conduction Problem with Slab Symmetry. Inverse Problems. 1991，7（2）：247-256.

［73］ Mitchell A R，Griffiths D F. The Finite Difference Method in Partial Differential Equations. Hoboken：John Wiley，1980.

［74］ Sweilam N，Khader M，Mahdy A. Crank-Nicolson Finite Difference Method for Solving Time-fractional Diffusion Equation. Journal of Fractional Calculus and Applications. 2012，2（2）：1-9.

［75］ 陆金甫，关治. 偏微分方程的数值解. 北京：清华大学出版社，2004.

［76］ Hughes T J. The Finite Element Method：Linear Static and Dynamic Finite Element Analysis. Englewood Cliffs：Dover Publications，2012.

［77］ Jin J M. The Finite Element Method in Electromagnetics. Hoboken：John Wiley & Sons，2015.

［78］ Johnson C. Numerical Solution of Partial Differential Equations by the Finite Element Method. New York：Courier Corporation，2012.

［79］ Versteeg H K，Malalasekera W. An Introduction to Computational Fluid Dynamics：the Finite Volume Method. Harlow：Pearson Education，2007.

［80］ Jenny P，Lee S，Tchelepi H. Multi-scale Finite-volume Method for Elliptic Problems in Subsurface Flow Simulation. Journal of Computational Physics. 2003，187（1）：47-67.

［81］ Brebbia C A，Telles J C F，Wrobel L. Boundary Element Techniques：Theory and Applications in Engineering. Berlin：Springer Science & Business Media，2012.

［82］ Partridge P W，Brebbia C A. Dual Reciprocity Boundary Element Method. Southampton，UK：Springer Science & Business Media，2012.

［83］ Zhang T，He Y，Dong L，et al. Meshless Local Petrov-galerkin Mixed Collocation Method for Solving Cauchy Inverse Problems of Steady-state Heat Transfer. Computer Modeling in Engineering & Sciences. 2014，97（6）：509-553.

［84］ Abbasbandy S，Shirzadi A. A Meshless Method for Two-dimensional Diffusion Equation with an Integral Condition. Engineering Analysis with Boundary Elements. 2010，34（12）：1031-1037.

［85］ Li Q H，Chen S S，Kou G X. Transient Heat Conduction Analysis Using the MLPG Method and Modified Precise Time Step Integration Method. Journal of Computational Physics. 2011，230（7）：2736-2750.

［86］ Fuhry M，Reichel L. A New Tikhonov Regularization Method. Numerical Algorithms. 2012，59（3）：433-445.

［87］ Pourgholi R，Rostamian M. A Numerical Technique for Solving IHCPs Using Tikhonov Regularization Method. Applied Mathematical Modelling. 2010，34（8）：2102-2110.

［88］ Hofmann B，Kaltenbacher B，Poeschl C，et al. A Convergence Rates Result for Tikhonov Regularization in Banach Spaces with Non-smooth Operators. Inverse Problems. 2007，23（3）：987-993.

［89］ Calvetti D，Morigi S，Reichel L，et al. Tikhonov Regularization and the L-curve for Large Discrete Ill-posed Problems. Journal of Computational and Applied Mathematics. 2000，123（1）：423-446.

［90］ Tikhonov A N，Goncharsky A，Stepanov V，et al. Numerical Methods for the Solution of Ill-posed Problems. Moscow Springer Science & Business Media，2013.

［91］ Murio D A. The Mollification Method and the Numerical Solution of Ill-posed Problems. New York：John Wiley & Sons，2011.

［92］ Deng Z C，Yang L. An Inverse Problem of Identifying the Radiative Coefficient in a Degenerate Parabolic Equation. Chinese Annals of Mathematics，Series B. 2014，35（3）：355-382.

［93］ Rao X B，Wang Y X，Qian K，et al. Numerical Simulation for an Inverse Source Problem in a Degenerate Parabolic Equation. Applied Mathematical Modelling. 2015，39（23）：7537-7553.

［94］ Deng Z C，Qian K，Rao X B，et al. An Inverse Problem of Identifying the Source Coefficient in a Degenerate Heat Equation. Inverse Problems in Science and Engineering. 2014，23（3）：498-517.

［95］ Polyak B T. The Conjugate Gradient Method in Extremal Problems. USSR Computational Mathematics and Mathematical Physics. 1969，9（4）：94-112.

［96］ Fletcher R，Reeves C M. Function Minimization by Conjugate Gradients. The Computer Journal，1964，7（2）：149-154.

［97］ Tikhonov A N，Arsenin V I A，John F. Solutions of Ill-posed Problems. Washington，DC：John Wiey & Sons，1977.

［98］ 苏超伟. 解决一维线性扩散方程逆问题的一种迭代方法. 西北工业大学学报.1994，12（1）：84-89.

［99］ 池光胜. 分数微分对流弥散方程反问题研究. 济南：山东理工大学，2010.

［100］ 栗苏文，李兰，李志永. Dobbins 模型参数识别反问题的导数正则化方法. 水利学报.2004，（7）：104-108.

［101］ Scherzer O. A Modified Landweber Iteration for Solving Parameter Estimation Problems. Applied Mathematics and Optimization，1998，38（1）：45-68.

［102］ Li Yanqiu，Shi Liu. Simulation of Temperature Field Reconstruction by Acoustic Based on Improved Landweber Method. 2nd International Conference on Environmental Science and Energy Engineering DEstech Publ：cations. 2017，238-241.

［103］ Hestenes M R，Stiefel E. Methods of Conjugate Gradients for Solving Linear Systems. Journal of Research of the National Bureau of Standards，1952，49（6）：409-436.

［104］ Yang Liu，Yu Jianning，Luo Guanwei，etal. Reconstruction of a Space and Time Dependent Heat Source from Finite Measurement Data. International Journal of Heat and Mass Transfer. 2012，55（11）：6573-6581.

［105］ 薛强，薛涛，刘建军. 梯度正则化法在土壤非饱和水分运动参数反演中的应用. 仪器仪表学报. 2006，27（s2）：1318-1320.

［106］ 张旭，曹春阳. 钢筋混凝土结构分析中的梯度正则化法单参数反演. 辽宁工学院学报.2004，24（6）：42-44，70..

［107］ 闫青. 基于梯度正则化约束的图像重建算法研究. 上海：上海交通大学，2014.

［108］ 李功胜，姚德. 扩散模型的源项反演及其应用. 北京：科学出版社，2014.

［109］ 刘晓东，华祖林，谢增芳，等. 一维河流水质模型多参数识别的反演优化通用算法. 水力发电学报. 2012，（2）：122-127.

［110］ 王洪涛. 多孔介质污染物迁移动力学. 北京：高等教育出版社，2008.

［111］ 王福军. 计算流体动力学分析——CFD 软件原理与应用. 北京：清华大学出版社，2004.

［112］ 刘继军. 不适定问题的正则化方法及应用. 北京：科学出版社，2005.

［113］ 陶文铨. 数值传热学. 西安：西安交通大学出版社，2001.

［114］ 孙志忠. 偏微分方程数值解法. 北京：科学出版社，2012.

［115］ Buchanan G R. 有限元分析. 北京：科学出版社，2002.

[116] Dhatt G, Lefrancois E, Touzot G. Finite Element Method. Hoboken: John Wiley & Sons, 2012.

[117] Eymard R, Gallouet T, Herbin R. Finite Volume Methods. Handbook of Numerical Analysis. 2000: 713-1018.

[118] 陶文铨. 计算传热学的近代进展. 北京: 科技出版社, 2000.

[119] 秦跃平, 孟君, 贾敬艳, 等. 非稳态导热问题有限体积法. 辽宁工程技术大学学报（自然科学版）. 2013, 32 (5): 577-581.

[120] 陶文铨, 吴学红, 戴艳俊. 无网格数值求解方法. 中国电机工程学报. 2010, 30 (5): 1-10.

[121] 张雄, 刘岩. 无网格法. 北京: 清华大学出版社, 2004.

[122] Sladek J, Sladek V C H Y. Inverse Heat Conduction Problems by Meshless Local Petrov-Galerkin Method Engineering Analysis with Boundary Elements. 2006, 30 (8): 650-661.

[123] Deng Z C, Yang L. An Inverse Problem of Identifying the Coefficient of First-order in a Degenerate Parabolic Equation. Journal of Computational and Applied Mathematics. 2011, 235 (15): 4404-4417.

[124] 张世梅. 二维偏微分方程反问题的遗传算法研究. 西安: 西安理工大学硕士学位论文, 2005.

[125] Peaceman D W, Rachford, Jr H H. The Numerical Solution of Parabolic and Elliptic Differential Equations. Journal of the Society for Industrial and Applied Mathematics, 1955, 3 (1): 28-41.

[126] Chen H, Xu D, Peng Y. A Second Order BDF Alternating Direction Implicit Difference Scheme for the Two-dimensional Fractional Evolution Equation. Applied Mathematical Modelling. 2017, 41: 54-67.

[127] Wray S. Alternating Direction Implicit Finite Difference Methods for the Heat Equation on General Domains in Two and Three Dimensions. Golden: Doctoral Dissertation of Colorado School of Mines, 2016.

[128] 范玉科. 对流扩散方程源项识别反问题研究. 马鞍山: 安徽工业大学, 2014.

[129] 李功胜, 秦惠增, 张瑞, 等. 地下水及其污染研究的反问题方法. 山东理工大学学报（自然科学版）. 2005, 26 (03): 1-4.

[130] 仪双燕. 抛物型方程参数反演的蚁群算法研究. 哈尔滨: 哈尔滨工业大学, 2012.

[131] Idier J. Bayesian Approach to Inverse Problems. Hoboken: ISTE Ltd and John Wiley & Sons, Inc, 2008.

[132] 徐波. 抛物型方程反问题的遗传算法. 武汉: 武汉理工大学, 2008.

[133] 周康, 毛献忠, 李子. 污染物二维非恒定输运初值反问题研究. 水力发电学报. 2014, 33 (4): 118-125.

[134] Handamard J. Lectures on the Cauchy Problems in Linear Partial Differential Equations. New Haven: Yale University Press, 1923.

[135] 韩波, 李莉. 非线性不适定问题的求解方法及其应用. 北京: 科学出版社, 2011.

[136] Scherzer O. Convergence Criteria of Iterative Methods Based on Landweber Iteration for Solving Nonlinear Problems. Journal of Mathematical Analysis and Applications, 1995, 194 (3): 911-933.

[137] Hanke M, Neubauer A, Scherzer O. A Convergence Analysis of the Landweber Iteration For Nonlinear Ill-posed Problems. Numerische Mathematik, 1995, 75 (1): 21-37.

[138] 张军, 黄象鼎. Hilbert 尺度下求解非线性不适定问题的多水平迭代法. 数学杂志. 2002, 20 (1): 69-73.

[139] 汪继文, 窦红. 求解对流扩散方程的一种高效的有限体积法. 应用力学学报. 2008, 25 (3): 480-483.

[140] Yang L, Yu J N, Deng Z C. An Inverse Problem of Identifying the Coefficient of Parabolic Equation. Applied Mathematical Modelling. 2008, 32 (10): 1984-1995.

[141] Kirsch A. An Introuduction to the Mathematical Theory of Inverse Problem. New York: Springer, 1999.

[142] Zhou H Y, Gómez-Hernández J J, Li L P. Inverse Methods in Hydrogeology: Evolution and Recent trends. Advances in Water Resources. 2014, 63: 22-37.

[143] Hazart A，Giovannelli J-F，Dubost S，et al. Inverse Transport Problem of Estimating Point-like Source Using a Bayesian Parametric Method with MCMC. Signal Processing. 2014，96（3）：346-361.

[144] Zeng L Z，Shi L S，Zhang D X，et al. A Sparse Grid Based Bayesian Method for Contaminant Source Identification. Advances in Water Resources. 2012，37：1-9.

[145] Ayvaz M T. A linked Simulation-optimization Model for Solving the Unknown Groundwater Pollution Source Identification Problems. Journal of Contaminant Hydrology. 2010，117（1）：46-59.

[146] Boyce S E，Yeh W W-G. Parameter-independent Model Reduction of Transient Groundwater Flow Models：Application to Inverse Problems. Advances in Water Resources. 2014，69：168-180.

[147] Jha M，Datta B. Application of Unknown Groundwater Pollution Source Release History Estimation Methodology to Distributed Sources Incorporating Surface-groundwater Interactions. Environmental Forensics. 2015，16（2）：143-162.

[148] Jha M，Datta B. Application of Dedicated Monitoring - network Design for Unknown Pollutant-source Identification Based on Dynamic Time Warping. Journal of Water Resources Planning and Management. 2015，141（11）：1-13.

[149] Williams B，Christensen W F，Reese C S. Pollution Source Direction Identification：Embedding Dispersion Models to Solve an Inverse Problem. Environmetrics. 2011，22（8）：962-974.

[150] Fletcher R，Reeves C M. Function Minimization by Conjugate Gradients. The Computer Journal. 1964，7（2）：149-154.

[151] Xie Y J，Ma C F. The Scaling Conjugate Gradient Iterative Method for Two Types of Linear Matrix Equations. Computers & Mathematics with Applications. 2015，70（5）：1098-1113.

[152] Yao Shengwei，Lu Xiwen，Ning Liangshuo，et al. A Class of One Parameter Conjugate Gradient Methods. Applied Mathematics and Computation. 2015，265（8）：708-722.

[153] Xing Liying，Zhang Guozhen. Identification of Groundwater Pollutant Source Using a Hybrid Method. Fresenius Environmental Bulletin. 2017. 3（26）：2133-2140.

[154] Holland J H. Adaptation in Natural and Artificial Systems：an Introductory Analysis with Applications to Biology，Control，and Artificial Intelligence. Ann Arbor：U Michigan Press，1975.

[155] 孙培德，楼菊青. 环境系统模型及数值模拟. 北京：中国环境科学出版社，2005.

[156] 王红旗，秦成，陈美阳. 地下水水源地污染防治优先性研究. 中国环境科学. 2011，（5）：876-880.

[157] 肖传宁，卢文喜，安永凯，等. 基于两种耦合方法的模拟 - 优化模型在地下水污染源识别中的对比. 中国环境科学. 2015，35（8）：2393-2399.

[158] 薛红琴，赵尘，刘晓东，等. 确定天然河流纵向离散系数的有限差分－单纯形法. 解放军理工大学学报（自然科学版）. 2012，13（2）：214-218.

[159] 江思珉，王佩，施小清，等. 地下水污染源反演的 Hooke-Jeeves 吸引扩散粒子群混合算法. 吉林大学学报（地球科学版）. 2012，42（6）：1866-1872.

[160] 江思珉，张亚力，蔡奕，等. 单纯形模拟退火算法反演地下水污染源强度. 同济大学学报（自然科学版）. 2013，41（2）：253-257.

[161] 侯海林. 一类溶质运移方程的数值解法及地下水污染源项识别问题. 济南：山东大学，2011.

[162] 刘进庆. 一维溶质运移中的反问题. 济南：山东理工大学，2007.

[163] 邢利英，孙三祥，张国珍. 基于梯度正则化联合重构河流污染多项模型参数. 水资源保护. 2017，4（33）：55-61.

[164] Berkowitz B，Scher H，Silliman S E. Anomalous Transport in Laboratory-scale，Heterogeneous Porous Media. Water Resources Research，2000，36（1）：149-158.

[165] Hatano Y，Hatano N. Dispersive Transport of Ions in Column Experiments：An Explanation of Long Tailed Profiles. Water Resources Research，1998，34（5）：1027-1033.

[166] Benson D A. The Fractional Advection-dispersion Quation: Development and Application. Dissertation of Doctorial Degree. Reno: University of Nevada, USA, 1998.

[167] Chen C M, Liu F, Anh V, Turner I Numerical Schemes with High Spatial Accuracy for a Variable-order Anomalous Subdiffusion Equation. SIAM Journal on Scientific Computing, 2010, 32 (4): 1740-1760.

[168] Chen C M, Liu F, Anh V, Turner I, Numerical Simulation for the Variable-order Galilei Invariant Advection Diffusion Equation with a Nonlinear Source Term. Applied Mathematics and Computation, 2011, 217 (12): 5729-5742.

[169] Chen C M, Liu F, Turner I, Anh V, Chen Y, Numerical Approximation for a Variable-order Non-linear Reaction-subdiffusion Equation. Numerical Algorithms, 2013, 63 (2): 265-290.

[170] Lin R, Liu F, Anh V, Turner I. Stability and Convergence of a New Explicit Finite-difference Approximation for the Variable-order Nonhnear Fractional Diffusion Equation. Applied Mathematics and Computation, 2009, 212 (2): 435-445.

[171] 马维元, 张海东, 邵亚斌. 非线性变阶分数阶扩散方程的全隐差分格式. 山东大学学报 (理学版), 2013, (02): 93-97.

[172] Zhang H, et al. A Novel Numerical Method for the Time Variable Fraction Order Mobile-immobile Advection-dispersion Model. Computers and Mathematics with Applications, 2013, 66 (5): 693-701.

[173] Zhuang P, Liu F. Numerical Methods for the Variable-order Fractional Advection-diffusion with a Nonlinear Source Term. SIAM Journal on Numerical Analysis 2009, 47 (3): 1760-1781.

[174] Chen S, Liu F, Numerical Simulation of a New Two-dimensional Variable-order Fractional Percolation Equation in Non-homogeneous Porous Media. Computers and Mathematics with Applications, 2014, 68 (12): 2133-2141.

[175] 郭柏灵, 蒲学科, 黄凤辉. 分数阶偏微分方程及其数值解. 北京: 科学出版社, 2011.

[176] 姜宝良. 地下水中污染物运移的分数维对流-弥散模型. 灌溉排水学报. 2006, 25 (5): 78-81.

[177] 常福宣, 吴吉春, 薛禹群, 等. 考虑时空相关的分数阶对流-弥散方程及其解. 水动力学研究与进展 (A 辑). 2005, 20 (2): 233-240.

[178] 胡秀玲. 几类时间分数阶偏微分方程的有限差分方法研究. 南京: 南京航空航天大学, 2012.

[179] 赵文娇. 几类时间—空间分数阶偏微分方程的数值方法分析. 哈尔滨: 哈尔滨工业大学, 2014.

[180] 史争光. 几类时间分数阶偏微分方程的混合有限元方法. 郑州: 郑州大学, 2016.

[181] Zheng G H, Wei T. A New Regularization Method for Solving a Time-fractional Inverse Diffusion Problem. Journal of Mathematical Analysis and Applications, 2011, 378 (2): 418-431.

[182] Zhang Z Q, Wei T. An Optimal Regularization Method for Space-fractional Backward Diffusion Problem. Mathematics and Computers in Simulation, 2013, 92 (6): 14-27.

[183] Zheng G H, Wei T. Two Regularization Methods for Solving a Riesz-Feller Space-fractional Backward Diffusion Problem. Inverse Problems, 2010, 26 (11): 1-23.

[184] 刘迪, 孙春龙, 李功胜, 贾现正. 变分数阶扩散方程微分阶数的数值反演. 应用数学进展, 2015, 4 (4): 326-335.

[185] Sun Chunlong, Li Gongsheng, Jia Xianzheng. Simultaneous Inversion for the Diffusion and Source Coefficients in the Multi-term TFDE. Inverse Problems in Science and Engineering, 2017, (1): 1-21.

[186] 孙春龙, 李功胜, 贾现正, 等. 含三个时间分数阶导数的反常扩散方程求解与微分阶数反演. 山东理工大学学报 (自然科学版), 2015, 29 (3): 1-7.

[187] Jia X Z, Li G S, Sun C L, Du D H. Simultaneous Inversion for a Diffusion Coefficient and a Spatially Dependent Source Term in the SFADE. Inverse Problems in Science and Engineering, 2016, 24 (5): 832-859.

[188] 邢利英，张国珍．基于变步长梯度正则化法识别分数阶地下水污染模型参数识别．兰州交通大学学报．2017，3（36）：92-96.

[189] 陈亚文，邹学文．二维非线性抛物型方程参数反演的贝叶斯推理估计．纺织高校基础科学学报．2012，25（95）：13-16.

[190] 闵涛，卢宏鹏，武苗．二维抛物型方程参数反演模型的拟牛顿法．计算机工程与应用．2010，46（685）：40-42.

[191] 宋新山，邓伟，张琳．MATLAB 在环境科学中的应用．北京：化学工业出版社，2007.